国家林业和草原局普通高等教育"十三五"规划教材

植物组织培养
实验教程

李 云 主编

中国林业出版社

图书在版编目（CIP）数据

植物组织培养实验教程/李云主编. —北京：中国林业出版社，2021.8（2023.3 重印）
ISBN 978-7-5219-1201-2

Ⅰ.①植… Ⅱ.①李… Ⅲ.①植物组织–组织培养–实验–高等学校–教学
参考资料 Ⅳ.①Q943.1–33

中国版本图书馆 CIP 数据核字（2021）第 110260 号

中国林业出版社教育分社
策划、责任编辑：肖基浒

| 电　　话：(010)83143555 | 传　　真：(010)83143516 |

出版发行　中国林业出版社（100009　北京市西城区刘海胡同 7 号）
　　　　　E-mail：jiaocaipublic@163.com　电话：(010)83143500
　　　　　http://www.forestry.gov.cn/lycb.html
经　　销　新华书店
印　　刷　北京中科印刷有限公司
版　　次　2021 年 8 月第 1 版
印　　次　2023 年 3 月第 2 次印刷
开　　本　850mm×1168mm　1/16
印　　张　10.5
字　　数　249 千字
定　　价　35.00 元

林草教育　　　中国幕课

《植物组织培养实验教程》
编写人员

主　编：李　云（北京林业大学）

副主编：孙宇涵（北京林业大学）

　　　　杨　玲（东北林业大学）

　　　　沈海龙（东北林业大学）

参编人员：（按姓氏拼音排序）

　　　　陈　颖（南京林业大学）

　　　　程广有（北华大学）

　　　　程金新（中国人民警察大学）

　　　　高燕会（浙江农林大学）

　　　　荆艳萍（北京林业大学）

　　　　李际红（山东农业大学）

　　　　李颖岳（北京林业大学）

　　　　梁　机（广西大学）

　　　　吕晋慧（山西农业大学）

　　　　彭少兵（西北农林科技大学）

　　　　唐军荣（西南林业大学）

　　　　王进茂（河北农业大学）

　　　　王若涵（北京林业大学）

　　　　王延伟（北京林业大学）

　　　　叶义全（福建农林大学）

前　言

植物组织培养技术是一门现代生物技术，是植物基因工程实验和细胞工程实验的基础和关键技术之一，具有非常强的实用性和广泛的需求。植物组织培养课程是农林、园艺、生物类院校的林学、园艺学、农学、植物学、生物学、生物科学、生物技术、草业科学、植物保护、药学等专业的本科生和研究生的必修课程，也是高职类院校有关专业的必修课程，以及园林花卉生产企业的培训教材。植物组织培养是一门实践性极强的动手操作的技术课程，其实验课的重要程度可想而知，因此，有必要针对该课程的特点，着力加强实验动手能力培养，为此我们撰写了植物组织培养实验课程，以期为广大读者提供非常好的实践机会和动手能力培养的平台。

在植物组织培养课程教学中深感有关实验课指导书籍和资料的缺乏，难以满足植物组织培养实验教学的需要，为此，在 2000 年组织编写了北京林业大学校内教材《植物组织培养实验指导手册》，并在教学实践中，根据实验课上学生的反馈信息于 2005 年和 2008 年先后进行了补充和修订，形成了一套较为完善的实验课指导教材，在多年的实验课教学中受到学生们的好评。为了更好地发挥该教材的作用，我们申请了国家林业和草原局普通高等教育"十三五"规划教材立项，并幸运地得到了学校资助。

本书编者来自国内农林院校具有多年从事植物组织培养教学和学术研究的经历，积累了较为丰富的相关经验。同时，参考了相关植物组织培养实验指导书籍和文献资料，吸收借鉴了有关实验指导教材的优秀内容，尽可能丰富本课程的实验内容，以期为不同院校开设植物组织培养实验课时有更多的可供选择的实验。另外，还针对农林行业的教学和实践需求，尽可能地选择木本植物为实验材料，具有鲜明的林业行业特色。

本书共 52 个实验，每个实验都详细介绍了实验目的、实验原理、实验用具及药品、实验材料、实验方法及步骤、注意事项、作业及思考题等。具体编写分工如下：陈颖修改实验 6、7、8、9、10；程广有修改实验 21、22、34、35、37；程金新撰写实验 12、13、35，修改实验 23、24、25、26、31；高燕会修改实验 15、19、20、36、37；荆艳萍撰写实验 16、17、18，修改实验 27、32、33、44、47；李际红修改实验 16、17、18、19、21；李颖岳撰写实验 9、11、20，修改实验 39、40、42、43、综合实验一；梁机修改实验 21、23、27、36、38、39；吕晋慧修改实验 45、48、49、50、综合实验二；彭少兵修改实验 1、2、3、4、5；唐军荣修改实验 3、4、5、7、8；王进茂修改 38、45、46、49、50；王若涵校对终稿，修改实验 23、24、25、26、31；王延伟撰写实验 8、14、15、27、28、41，修改实验 12、14、28、29、30、41、43；叶义全修改实验 6、7、8、11、13；孙宇涵 3 次校稿及其修改；杨玲和沈海龙校对终稿及其修改；李云在校内教材《植物组织培养实验指导手册》的基础上新补充了 20 个实验，3 次校稿及其终稿审定。

　　本书涉及内容较广，实验课程较多，内容跨度较大，对编者提出了较高的要求。由于时间仓促和编者水平有限，书中难免存在错误和不足之处，恳请读者提出批评指正，以期及时完善和提高本实验教材的水平。

编　者

2021 年 6 月

目　　录

实验 1　植物组织培养实验室布局与主要设备

一、实验目的

了解和熟悉植物组织培养实验室的基本组成及其配套功能。

二、实验原理

植物组织培养实验室是开展植物组织培养操作和对离体材料培养的场所，由执行不同功能的实验室组成，一般包括综合实验室、接种室、培养室、炼苗室、温室、细胞观察室和储藏室等部分。

植物组织培养需要在无菌条件下对植物的组织、器官和细胞进行离体培养。培养条件既要达到无菌操作、无菌培养的要求，又要满足培养材料生长发育所需要的适宜温度、光照和湿度等条件。为确保组织培养工作的顺利进行，必须做好植物组织培养实验室的功能布局与规划设计。其至少要满足以下条件：

①达到植物组织培养的无菌培养条件；

②按照植物组织培养的工作流程，满足培养基制备、培养材料接种、试管苗培养、生根试管苗炼苗以及生根试管苗出瓶移栽等工作程序及其配套的对应实验室功能；

③整个环节安排成一条连续的工作流程或生产线，达到高效、科学、有序、方便的目的和效果。

三、实验内容

1. 综合实验室

综合实验室是组织培养的主要工作场所之一，一般包括：洗涤室、药品室、天平室、培养基配制室、培养基灭菌室、培养基储存室等。各实验场所主要完成容器的洗涤、干燥，药剂的保存和称量，培养基的配制及灭菌，培养基的保存，外植体材料的初步处理等。

综合实验室内的主要设备及用具见表 1-1。

表 1-1　综合实验室主要设备、用具及其用途

主要设备及用具	用　途
冰箱	用于贮存易变质或常温下易分解的化学药品、母液以及植物材料
天平	用来称量各种固体化合物，如试剂、琼脂、蔗糖等。放置天平的地方要稳固、平衡、干燥和避光，避免接触腐蚀性药品和水汽，包括普通电子天平和电子分析天平
无离子水发生器或纯水设备	用于制备无离子水或双重纯水
酸度计(pH 计)	测定和调整培养基的 pH 值，以及配制缓冲液调整 pH 值

（续）

主要设备及用具	用　途
电磁炉	用于加热溶解生化试剂以及配制固体培养基时溶化琼脂
干燥箱	用于棉塞、器皿等干热灭菌及器皿烘干
高压蒸汽灭菌锅	用于培养基、蒸馏水和各种用具的灭菌，一般在 121 ℃、控温 15~40 min 后切断电源，缓慢降压至压力表读数为 0 时方可取出灭菌物。分为小型手提式、中型立式和大型卧式等
过滤灭菌器	用于加热易分解、易丧失活性的生化试剂的灭菌。常用的滤膜规格为孔径小于或等于 0.45 μm
低速台式离心机	用于分离、洗涤培养细胞(团)及原生质体，一般转速为 2000~4000 r/min

此外，还需要一定数量的操作实验台，可根据实验室面积大小或培养的组培苗数量决定实验台面积和数量。实验台高度应适合站立操作，以 80 cm 左右为宜，宽度 50 cm 左右，长度可灵活掌握；安装用于放置药品、贮存干净器皿等的防尘橱和搁架；配备用于洗涤的水池，建议水池较深，防止水外溅。还需要各种不同类型的玻璃容器，用于盛装试剂、母液和培养植物材料等。

2. 接种室

接种室又称无菌操作室，用于外植体表面灭菌、培养材料接种以及无菌材料的继代转接等。

（1）设计要求

对洁净程度要求最高，有条件的可以安装亚高效过滤空气净化设备。接种室的天花板及四壁尽可能光洁，不易积染灰尘，并易于清洁和消毒。在适宜的位置吊装紫外灯，便于室内照射灭菌。接种室应安装推拉门，平时将门窗关闭，以减少空气流动，保持与外界相对隔离状态，减少尘埃与微生物的侵入。接种室外应留有 2~3 m² 的缓冲间，并建有洗手盆，便于工作人员进入接种室前起到缓冲作用，以及清洁、消毒及更换工作服等。

（2）主要设备与用具

接种室最重要的设备是超净工作台，有多种型号可选，可生成过滤水平方向和垂直方向的无菌气流；工作台面分为单人或双人操作。每个超净台上需配备高温消毒器、剪刀和镊子等；用于存放 70% 乙醇的广口瓶；用于晾凉剪子和镊子的支架等；备齐用于存放培养基和准备用于接种的培养瓶的搁架或工作台等。

（3）杀菌消毒

为了减少接种过程的污染，保持干净且相对无菌环境，一般在接种前先用紫外灯照射杀菌 20~30 min，后用 70% 乙醇定期喷雾，进行杀菌和沉降灰尘。

3. 培养室

培养室是将接种的培养材料进行培养的场所，需要满足植物生长繁殖所需的温度、光照、湿度和气体等条件。

（1）设计要求

培养室要保持干净，定期消毒、清洗，进出时要更换衣、帽、鞋等，以免将尘土、细菌等带入室内。培养室的温度要求常年保持在 25 ℃±5 ℃ 左右（根据培养材料的不同调节温度)，房屋的构造应具备良好的采光和保温隔热性能。为了降低人工补光的能源消耗，应最大限度地增加房间的采光面积，安装落地式双层大玻璃窗，并贴上防止阳光直射的半透明防晒膜，防止培养的试管苗因太阳光直射而受到日灼危害。室内四壁和顶部宜涂成白色，地面也应选白色或浅色素材，以增强反光，提高室内亮度。

培养室温度一般要求在 20~30 ℃，具体温度的设置要依植物材料不同而定。为使温度恒定和均匀，培养室内应配有降温的空调和有控温仪的加热装置。培养室的相对湿度应保持在 70%~80%。

（2）主要设备与用具

①空调机　空调机能有效地调节室温，其功率要根据房间面积确定，同时要考虑培养室内灯管发热量以及房间的保温条件。

②温度湿度计和计时器　温度和湿度的观察可借助温度湿度计，便于记录和管理。自动计时器控制光照时间周期，方便管理。

③培养架和灯光　培养室内需要配置大量的培养架，用以放置培养容器，增大空间的利用效率。培养架上每层要安装玻璃板或其他隔板，不仅用于摆放培养物，还可使各层培养物都能接受到均匀的光照。日光灯一般安放在培养物的上面或侧面，控制光强为 40~55 $\mu mol/(m^2 \cdot s)$ 以满足大部分植物的光照需求。

④培养箱　可用于少量植物材料的培养，条件比较容易控制。根据培养植物材料、培养目的的不同，分为光照培养、暗培养两种类型，每种类型又有可调湿和不可调湿两种规格。选用全自动的调温、调湿、控光的人工气候箱，是进行植物组织培养和试管苗快繁方面研究的理想设备。

⑤摇床　常用于细胞悬浮培养，分为水平往复式和回旋式两种类型，振荡速率因培养材料和培养目的而异，一般以 100 r/min 或低于该转速为宜。

4. 炼苗室（或炼苗棚）

炼苗室主要用于试管苗炼苗、壮苗，以提高移栽成活率。生根试管苗从异养型为主向自养型为主转变，从无菌、恒温、高湿、弱光条件过渡到有菌、变温、低湿、强光条件，环境条件差异巨大，试管苗生理上难以适应，因而直接进行试管苗出瓶移栽很难成活。需要在移栽前将生根试管苗移入炼苗室，通过光照、温度、湿度等措施调控，使试管苗由羸弱过渡到强壮，增强其适应自然环境条件的能力，达到提高试管苗移栽成活率的目的。

炼苗室应具有一定的控温、控光、通风和防雨水条件，一般要求温度在 20~35 ℃，通过不同遮光程度的遮阳网处理，避免强光直晒培养物。

5. 温室（或大棚）

温室或大棚主要用于试管苗出瓶移栽，为试管苗移植大田创造一个过渡环境。温室或大棚应有可调控温度、光照和湿度等相关设备。室内配有喷雾浇水装置、遮阳网、防虫网、移植床、营养钵及移栽基质等。

6. 细胞学实验室

细胞学实验室是对培养物的生长情况及实验结果进行观察、记录的场所。室内应有固定的水磨石或类似的坚固稳定的台面，用于放置显微镜、解剖镜、显微照相等仪器，配套制片和细胞学染色设备，以便进行制片或染色观察。室内应安静、清洁、明亮、干燥，保证仪器不振动。解剖镜和倒置显微镜多用于剥离茎尖和培养物隔瓶观察、记录外植体及悬浮培养物(细胞团、原生质体等)生长情况。

7. 储藏室(库房)

储藏室用于存放暂时不用的器皿、用具、耗材等实验物品。储藏室最好设在楼房低层背阴处，便于物品搬运和存放，房间有良好的通风条件。应配备存放物品的货架，提高空间利用率。

四、作业及思考题

1. 植物组织培养室的组成包括哪些？各有何特点？
2. 为什么植物组织培养室的组成部分要按照植物组织培养的工作流程布局？

实验 2 植物组织培养主要仪器设备及功能

一、实验目的

主要介绍植物组织培养所需的基本实验设备、仪器及其使用方法。

二、实验原理及内容

1. 基本设备

因为离体培养的材料必须在无菌的条件下才能正常生长，还必须人工提供其生长发育过程中所需的营养物质，以及匹配适宜的生长条件，所有这些均需在一套完整的植物组织培养技术体系中才能实现，该技术体系需要一系列的配套设备作保障，如称量设备、控温设备、灭菌设备、无菌操作设备等。

(1)高压蒸汽灭菌锅

高压蒸汽灭菌锅(简称高压灭菌锅)采用高压湿热灭菌法，在一个密闭的容器中利用饱和水蒸气、沸水或流通蒸汽进行灭菌，由于蒸汽不能逸出，水的沸点随压力增加而提高，因而增加了蒸汽的穿透力，容易使蛋白质变性或凝固，可在较短的时间内达到灭菌目的。该法的灭菌效率高于干热灭菌法。

高压蒸汽灭菌锅分为立式、卧式，既有手动控制压力的人工计时，也有全自动控制压力和时间的。培养基配制后必须尽快进行灭菌处理，否则易滋生大量的微生物，消耗培养基中的养分并分泌代谢物，抑制植物的生长。在高压蒸汽灭菌锅使用前，必须先加入适量的蒸馏水或去离子水(自来水往往会产生水垢)，将培养基装入灭菌锅中，盖好锅盖并密封，待压力上升到 1.1 个标准大气压或 121 ℃时持续灭菌 20 min(灭菌时间与待灭菌容器容积呈成比)。灭菌结束后待压力降到 0 后方可打开锅盖，取出培养基，晾凉备用。

(2)超净工作台

超净工作台是一种提供局部无尘无菌的空气净化设备。室内空气经预过滤器过滤，由离心风机压入静压箱，再经高效空气过滤器过滤后从出风面吹出，形成连续不断的无尘无菌的超净空气层流，即所谓"高效的特殊空气"(滤除大于 0.3 μm 的尘埃、真菌和细菌等)。洁净气流以均匀的断面风速流经工作区，从而形成高洁净度的工作环境。

超净工作台有多种型号可选，过滤的无菌气流有水平方向的，也有垂直方向的；工作台面分有单人或双人操作。超净工作台为植物组织培养提供无菌操作环境，是最常用、最普及的无菌操作装置，一般由鼓风机、过滤器、操作台、紫外光灯和照明灯等搭配组成。通过内部小型电动机带动风扇，使空气先通过一个前置过滤器，滤掉大部分尘埃，再经过一个细致的高效过滤器，将大于 0.3 μm 的颗粒滤掉，然后使过滤后的不带细菌、真菌等微生物的纯净空气以 24~30 m/min 的流速吹过工作台操作面，此气流速度能避免超净工作台旁的操作人员产生的轻微气流污染培养基的可能性。每次开启 10~15 min 后即可操作。

超净工作台应放置在空气干净、地面无灰尘的地方，以延长使用期限。应定期检测超净工作台的无菌效果，方法如下：当机器处于工作状态时在操作区的四角及中心位置各放一个打开的营养琼脂平板，2 h 后取出、封口并置 37 ℃ 培养箱中培养 24 h，计算菌落数。平均每个平皿菌落数必须少于 0.5 个。注意，应定期清洗和更换过滤装置。

（3）电子天平

用于称量化学试剂。电子天平直接数字显示被称物质量，采用电磁力与被测物体的重力相平衡的原理进行测量。特点是称量准确可靠、显示快速清晰，并且具有自动检测系统和简便的自动校准装置，以及超载保护等装置。

①普通电子天平　用于称量大量元素、琼脂、蔗糖等。称量精度为 0.1 g，具有液晶读数和去皮回零功能。

②电子分析天平　用于称量微量元素、植物外源激素及微量附加物。精度为 0.0001 g。放置天平的操作面要平整，保持清洁干燥，避免接触腐蚀性药品和水汽。

（4）酸度计

培养基配制时测定和调整培养基的 pH 值。酸度计是利用原电池的化学原理工作的。原电池的两个电极间的电动势不仅与电极自身属性有关，还与溶液的氢离子浓度有关。这样，电动势又和氢离子浓度有一个对应关系。而酸度度量的就是氢离子的浓度，如 pH 值。

酸度计在使用前，要将待测液体温度调节到室温，再用 pH 标准液（pH7.0 或 pH4.0）校正后，蒸馏水充分洗净，才能进行 pH 值的测定与调整。测定培养基 pH 值时，应注意搅拌均匀后再测。国内常用 pH 值为 4.0~7.0 的精密试纸代替酸度计。

（5）电磁炉或微波炉等加热器具

用于加热溶解生化试剂，以及配制固体培养基时加热溶解琼脂。

（6）培养箱

少量植物材料的培养。有条件的话，还可采用全自动的调温、调湿、控光的人工气候箱来进行植物组织培养和试管苗快繁。

（7）电热恒温鼓风干燥箱

当接通电源后，电加热器与风机同时工作，直接置于箱内底部的电加热器产生的热量，在通过风机由风道向上排出过程中经过工作室内干燥物品，再吸入风机，如此不断循环，使温度达到均匀，供实验室物品干燥、烘焙、老化、分析、灭菌，多用于烘干洗过的器皿和玻璃器皿干热消毒。

（8）低速台式离心机

分离、洗涤培养细胞（团）及原生质体时用，一般转速为 2000~4000 r/min。

（9）摇床

用于细胞悬浮培养。根据振荡方式分为水平往复式和回旋式两种，振荡速度取决于培养材料和培养目的，一般为 100 r/min 左右。

（10）实体解剖镜

多用于剥离植物茎尖等器官。

（11）倒置显微镜

用于观察、记录外植体及悬浮培养物（细胞团、原生质体等）的生长情况。可和相机配合使用，拍照记录植物细胞的分化生长过程。

（12）冰箱或冰柜

用于长期贮存培养基母液、生化试剂及低温处理材料。一般的家庭用冰箱即可。

（13）水浴锅

传感器将水槽内水的温度转换为电阻值，经过集成放大器的放大、比较后，输出控制信号，以有效地控制电加热管的平均加热功率，使水槽内的水保持恒温。既可用于蒸馏、干燥、浓缩化学药品或生物制品，也可用于恒温加热实验。

（14）磁力加热搅拌器

用于溶解化学试剂时搅拌。

（15）移液器(枪)

用于配制培养基时定量添加各种母液及吸取植物生长调节物质溶液。常用规格包括 10 μL、50 μL、100 μL、200 μL、500 μL、1 mL、5 mL 等。吸取液体时，移液器保持竖直状态，将枪头插入液面 2~3 mm。用大拇指将按钮按下至第一停点，然后慢慢松开按钮回原点。接着按至第一停点排出液体，稍停片刻继续按至第二停点吹出残余的液体，最后松开按钮。即吸的时候按到第一挡，打的时候一定要到底，也就是第二挡。当移液器枪头里有液体时，切勿将移液器水平放置或倒置，以免液体倒流腐蚀活塞弹簧。使用完毕，恢复至最大量程，使弹簧处于松弛状态以保护弹簧，延长移液枪的使用期限。

（16）过滤灭菌器

用于加热易分解、丧失活性的生化试剂的灭菌。常用规格为孔径 0.20~0.45 μm 的硝酸纤维素膜，当溶液通过滤膜后，细菌和真菌的孢子因大于滤膜孔径而被阻。在需要过滤灭菌的液体量较大时，常使用抽滤装置；液量较小时，可用医用注射器。使用前对滤膜（及外壳）进行高压灭菌，将滤膜安放在注射器的靠近针管处，将待过滤的液体装入注射器，缓慢推压注射器活塞杆，溶液穿过滤膜，从针管压出穿过滤膜的溶液就是无菌溶液。

（17）血球计数板

用于植物细胞计数。血球计数板是一块特制厚玻片。玻片上由 4 道槽构成 3 个平台，其中两侧平台比中间平台高 0.1 mm。中间的平台又被一分为二，在每一半上各刻有一个计数室，每个计数室划分为 9 个大方格，每个大方格的面积为 1 mm×1 mm = 1 mm^2，深度为 0.1 mm，盖上盖片后容积为 0.1 mm^3。中央的一个大方格又用双线划分为 25 个中方格。每个中方格又用单线划分为 16 个小方格、共计 400 个小方格，原生质体的计数即可在中央的这个大方格内进行。

2. 用具及其认知

在植物组织培养过程需要使用到各种各样的用具。包括培养基配制用具、培养工具、接种工具等。在使用这些用具之前，先要了解其基本用途，并学会其基本用法。其中部分用具在基础化学实验中已经接触过，在这里只作简单的介绍。

（1）培养基配制用具

①量筒　用于量取一定体积的液体。常用规格包括 25 mL、50 mL、100 mL、500 mL、1000 mL 等。

②刻度移液管　用于量取一定体积的液体，配合吸耳球使用。常用规格包括 1 mL、5 mL、10 mL、20 mL 等。

③烧杯　用于盛放、溶解化学药剂等。常用规格包括 50 mL、100 mL、250 mL、500 mL、1000 mL 等。

④容量瓶　用于配制标准溶液。常用的规格有 50 mL、100 mL、500 mL、1000 mL 等。

⑤吸管　用于吸取液体，调节培养基的 pH 值及配制标准溶液定容。

⑥玻璃棒　用于溶解化学药剂时搅拌。

（2）培养用具

①三角瓶　植物组织培养中最常用的培养容器，适合进行各类培养，如固体培养或液体培养，大规模培养或一般少量培养。常用规格包括 50 mL、100 mL、200 mL、500 mL 等。

②培养皿　在无菌材料分离、细胞培养中常用。常用规格包括直径 3 cm、6 cm、9 cm、12 cm 等。

③广口培养瓶　常用于试管苗大量繁殖及作为较大植物材料的培养瓶，常用规格为 200～500 mL。

④试管　植物组织培养中常用的一种玻璃器皿，适合少量培养基的培养、测试各种不同配方以及接种外植体时使用。

⑤封口材料　培养容器的瓶口需要封口，以防止培养基失水干燥并防止污染，并且要保持一定的通气功能。常用的封口材料包括棉花塞、铝箔、耐高温透明塑料纸、专用盖、蜡膜等。实验室常用铝膜和聚丙烯膜。

（3）接种工具

①酒精灯　用于金属和玻璃接种工具的灼烧灭菌。

②手持喷雾器　盛装 70% 乙醇，用于操作台面、接种器材、外植体和操作人员手部等的表面灭菌。

③工具皿　即灭过菌的普通空白培养皿，用于存放灭过菌的外植体，以及接种时剪切培养材料。

④刀片　切断、剥离植物材料。

⑤解剖刀　用于切割植物材料。

⑥剪刀　用于剪取外植体材料。

⑦镊子　用于解剖、分离、接种转移外植体和培养物。

⑧解剖针　用于分离植物材料，剥取植物茎尖。

⑨高温消毒器　用于高温干热灭菌剪子、镊子和接种针等接种工具与材料接触的尖端部位。

三、注意事项

1. 在老师的带领下，认识和熟悉设备和仪器。一些大型仪器，如高压蒸汽灭菌锅、超净工作台在老师示范其用法后，才可以动手操作。

2. 按照设备和仪器的用途进行分类，有利于记忆其用途，较快地掌握实验内容。

四、作业及思考题

    1. 建立一个小型的组培室需要哪些仪器和设备？

    2. 简述超净工作台的使用原理、注意事项及日常检修方法。

实验 3   植物离体培养基本操作技术

一、实验目的

学习和掌握植物组织培养中的一些基本操作技术，包括用具洗涤、培养基和外植体的灭菌技术及无菌操作技术。

二、实验原理

在植物组织培养过程中，培养器具残留的有毒有害物质不利于植物组织培养，如微生物、微生物分泌液、其他残留物等，均会影响植物的正常生长和分化，在开展植物组织培养工作中，需要将实验所用的玻璃器具清洗干净。植物组织培养是在无菌条件下进行的，严格的消毒和灭菌操作以及保持培养材料的无菌状态对提高植物组织培养的成功率极为重要，需要学习和掌握各种消毒和灭菌方法。

三、实验内容

1. 器皿和用具洗涤

（1）玻璃器皿

新购置的玻璃器皿或多或少都含有游离的碱性物质，使用前要先用 1%HCl 浸泡几小时，甚至浸泡一夜，再用肥皂水洗净，清水冲洗后，用蒸馏水再冲一遍，晾干后备用。用过的培养器皿往往带有各种残渣，干涸后不易刷洗掉，故用后要立即清水浸泡清洗，蒸馏水冲淋后晾干备用；对于已被污染的玻璃器皿必须在 121 ℃高压蒸汽灭菌 20 min 后，倒去残渣，用毛刷清除瓶壁上的培养液和菌斑后，再用清水冲洗干净，蒸馏水冲淋，晾干备用，切忌直接用水冲洗已被污染的玻璃器皿，否则造成培养环境的污染。

（2）金属用具

新购置的金属用具表面上有一层油腻，需先擦净油腻后，再用热肥皂水洗净，清水冲洗后，晾干备用；用过的金属用具，用清水洗净，晾干备用。

（3）塑料器皿

塑料器皿耐腐蚀能力强，但质地较软，且多不耐热，多用清水充分浸泡和冲洗，再用 2%NaOH 溶液浸泡过夜，用清水冲洗后，用 1%HCl 溶液浸泡 30 min，用清水冲洗后，再用蒸馏水冲淋，晾干。

2. 灭菌

（1）培养基灭菌

灭菌锅具有一定的危险性，使用前务必掌握正确的操作方法。灭菌前应检查灭菌锅底部的水是否充足，若不足时，用蒸馏水或去离子水加齐到水位线，然后将待灭菌的物品放入锅内，不要放得太紧，以免影响蒸汽的流通和灭菌效果。物品也不要紧靠锅壁，以免冷凝水顺壁流入物品中。加盖旋紧螺旋，使锅密闭。灭菌加热开始阶段将灭菌锅内的冷凉空气放尽，以保证灭菌锅内上下温度均匀一致，灭菌彻底。具有智能控制的高压灭菌锅，只需设定好时间、温度，工作后会在冷空气排尽后自动关闭内部排气阀，然后继续升温升压。若不具备自动排气功能，则需要打开放气阀，等大量空气排出以后再关闭，灭菌时，应当使压力表读数保持在 $1.0 \sim 1.1 \ kg/cm^2$ 或指针保持在 $0.12 \ MPa$ 左右，一般情况下，在 $121 \ ℃$ 时保持 $20 \ min$，灭菌时间不宜过长，否则生长调节剂等有机物质会在高温条件下分解，使培养基变质，甚至难以凝固；灭菌时间也不宜过短，以防灭菌不彻底，引起培养基污染。灭菌后，应切断电源，使灭菌锅内的压力缓慢降下，在压力表读数达到"0"时，才可打开放气阀，排出剩余蒸汽后，再打开锅盖取出培养基。若切断电源后，急于取出培养基而打开放气阀，导致降压过快，瓶中液体溢出，造成浪费和污染，甚至危及人身安全。培养基体积不同，灭菌时间不同，体积越大需灭菌时间越长。

遇热不稳定物质，如吲哚乙酸、某些维生素、抗生素、酶类等在高温高压条件下易被破坏，不能进行高压蒸汽灭菌，需要进行过滤灭菌。将这些溶液在无菌条件下，通过孔径大小为 $0.20 \sim 0.45 \ \mu m$ 的生物滤膜后，就可达到过滤除菌的目的。然后再在无菌条件下将其添加到经过高压蒸汽灭菌且温度下降到约 $40 \ ℃$ 的培养基中。

（2）用具灭菌

培养皿、三角瓶、吸管等玻璃用具和解剖针、解剖刀、镊子等金属器具，均可用干热灭菌法。将清洗晾干后的器具用纸包好，放进电热烘干箱。当温度升至 $100 \ ℃$ 时，启动箱内鼓风机，使电热箱内的温度均匀。一般为 $160 \sim 170 \ ℃$ 灭菌 $120 \ min$ 以上可彻底灭菌。由于干热灭菌能源消耗大、费时长，这一方法并不常用，常用高压蒸汽湿热灭菌代替，有些类型的塑料用具也可进行高温湿热灭菌，如聚丙烯、聚甲基戊烯等可在 $121 \ ℃$ 下反复进行高压蒸汽灭菌。

用于无菌操作的用具除了进行高压蒸汽灭菌外，在接种过程中常常采用反复灼烧灭菌。一种是采用传统的酒精灯灼烧灭菌，准备接种前，将镊子、解剖刀等从 95% 乙醇中取出，置于酒精灯火焰的外焰部位上灼烧，借助乙醇瞬间燃烧产生高热达到杀菌的目的。操作中要反复浸泡、灼烧、放凉、使用，操作完毕后，用具应擦拭干净后再放置。另一种是采用高温灭菌器（也称高温消毒器或接种器械灭菌器）进行高温加热灭菌，它可以替代乙醇灼烧灭菌，且效果更好，更安全，减少发生火灾的可能性。

（3）植物材料灭菌

由于不同植物及同一植物不同部位，有其不同的特点，它们对不同种类、不同浓度的灭菌剂敏感反应也不同，所以开始都要对灭菌剂的种类和灭菌时间进行预备实验，以达到最佳的灭菌效果。选择适宜的灭菌剂处理时，为了使灭菌效果更彻底，有时还需要与黏着剂或润湿剂结合，如吐温以及抽气减压、磁力搅拌、超声振动等方法使用，使灭菌剂能更好地渗入外植体表层内部，达到理想的灭菌效果。灭菌结束后，对环境有害的灭菌剂，务必进行回收处理，以免污染环境。

3. 无菌操作技术

植物组织培养要求严格的无菌条件及无菌操作技术。无菌操作技术如下：

（1）无菌操作室或接种室

用70%乙醇喷雾（使灰尘迅速沉降），用紫外线灭菌20 min或更长，照射期间注意接种室的门窗要关严，关闭抽气扇。为了保障操作人员的健康，在关闭紫外灯15～20 min后，使用抽气扇排气10 min左右，待紫外照射时产生的臭氧排出，以免造成人体不适或伤害，然后再进入接种室操作。

（2）工作人员

要保持个人卫生清洁。接种前洗手，并穿好实验服，戴好塑胶手套，然后用70%乙醇擦洗消毒。

（3）接种前

打开超净工作台内的紫外灯照射20 min，可与接种室紫外灯灭菌同时进行，再送风15～30 min，然后用70%乙醇喷雾或擦洗工作台台面。接种工具用高温消毒器代替酒精灯干热灭菌。

（4）接种时

要戴口罩，说话、呼吸不要对着植物材料或培养容器口。打开瓶塞纸或瓶塞时注意不要污染瓶口。瓶口可以在拔塞后或盖前灼烧灭菌。手不能接触接种器械的前半部分（即直接接触植物材料的部分），接种操作时（包括拧开或拧上培养瓶盖时），培养瓶、试管或三角瓶应水平放置或倾斜一定角度（45°以下），直立放置会增大污染机会。手和手臂应避免在培养基、植物材料、接种器械风口上方经过。在接种过程中，接种器械要反复重新进行干热灭菌，冷却后使用。

（5）切割外植体时

应在预先经灭菌的接种盘，或类似于接种盘作用的培养皿、玻璃板、滤纸或牛皮纸上进行。

（6）其他事项

在每次操作之前尽量将操作过程中必须使用的器械和药品先放入超净工作台的台面内，尽可能避免操作中途拿进拿出。同时，台面上放置的东西也不宜过多，特别注意不要把物品堆得太高，以致挡住无菌气流，影响灭菌效果。此外，当接种材料或培养基使用完后，需重新补充时，需用70%乙醇液喷洒消毒后放入台面内。

四、注意事项

1. 规范无菌操作技术，养成良好的无菌操作习惯。
2. 熟悉灭菌方法的特点，充分发挥各自的作用。
3. 熟悉各种工具的使用方法，特别是高压灭菌锅的正确使用。

五、作业及思考题

1. 选择灭菌方法需要考虑哪些因素？
2. 简述植物组织培养的无菌操作技术。
3. 紫外灯的灭菌原理是什么？

实验 4　培养基母液的配制（MS 培养基）

一、实验目的

通过 MS 培养基母液的配制和保存，掌握培养基母液的主要成分及配制、保存方法，并能独立熟练操作。

二、实验原理

培养基的主要成分包括无机营养物质、有机物、碳源、植物生长调节剂等，往往包括十多种甚至超过二十种化合物，每次配制培养基时需要一一称量，不仅繁琐和工作量大，而且对于用量较少的化合物如生长调节剂、微量元素，很难准确称量，易引起实验误差，严重时导致实验失败。为了提高配制培养基的工作效率和实验精度，达到方便、高效、精确的目的，通常在配制培养基前，将大量元素、微量元素、铁盐、有机物类、激素类等分别配制成比培养基配方需要量若干倍的母液，而且每种母液各种成分可溶性不同，母液的扩大倍数也不相同，所以要求提前配制成对应浓度的母液。当配制培养基时，只需按预先计算好的量吸取母液即可，既省时又精确。

三、实验用具及药品

1. 实验用具

电子分析天平（感量 0.0001 g）、扭力天平或电子天平（感量 0.01 g）、电子天平（感量 0.5 g）、电磁炉、磁力搅拌器、冰箱。

烧杯（50 mL、500 mL）、量筒（50 mL、100 mL、1000 mL）、各种容量瓶、各种细口储液瓶（如蓝盖瓶等）、药勺、称量纸、玻璃棒、滴管。

2. 实验药品

按培养基配方准备，另准备重蒸馏水或蒸馏水。

四、实验方法及步骤

1. 大量元素母液的配制

MS 培养基中大量元素共有 5 种（表 4-1），按照培养基配方的用量，把各种化合物扩大 20 倍，用感量为 0.01 g 的扭力天平或电子天平，分别用 50 mL 烧杯称量，并在每只烧杯中加入 30~40 mL 重蒸馏水溶解。溶解时，可置于电磁炉加热以加速其溶解（注意温度不可过高）。待每种试剂溶解后，按表 4-1 顺序混合并定容于 1000 mL 重蒸馏水（或蒸馏水）中。在混合定容时，需严格按照表中的顺序进行，氯化钙应最后加入，因为氯化钙易与磷酸二氢钾形成磷酸三钙、磷酸钙之类不溶于水的沉淀。将配好的混合液，倒入储液瓶中，贴好标签于冰箱 4 ℃保存。配制培养基时，每配 1000 mL 培养基取此液 50 mL。

表 4-1 MS 培养基大量元素的称量及定容(20×)

化合物名称	培养基配方用量/ (mg/L)	扩大 20 倍称量/ (mg/L)	配制要点
KNO_3	1900	38 000	
NH_4NO_3	1650	33 000	
KH_2PO_3	170	3400	定容于 1000 mL 重蒸馏水或蒸馏
$MgSO_4 \cdot 7H_2O$	370	7400	水中，每升培养基取此液 50 mL
$CaCl_2 \cdot 2H_2O$	440	8800	

2. 微量元素母液的配制

微量元素母液的配制(表 4-2)，按照培养基配方用量的 200 倍，用感量为 0.0001 g 的电子分析天平，分别称取后各放入 50~100 mL 的烧杯中，加重蒸馏水或蒸馏水约 50 mL 溶解，混合，定容于 1000 mL 容量瓶中，转移到储液瓶中，贴好标签于冰箱 4 ℃保存。配制培养基时，每配制 1000 mL 培养基取此液 5 mL。

表 4-2 MS 培养基微量元素的称量及定容(200×)

化合物名称	培养基配方用量/ (mg/L)	扩大 200 倍称量/ (mg/L)	配制要点
$MnSO_4 \cdot 4H_2O$	22.3	4460	
$ZnSO_4 \cdot 7H_2O$	8.6	1720	
$CuSO_4 \cdot 5H_2O$	0.025	5	
H_3BO_3	6.2	1240	定容于 1000 mL 重蒸馏水中，每
$Na_2MoO_4 \cdot 2H_2O$	0.25	50	升培养基取此液 5 mL
KI	0.83	166	
$CoCl_2 \cdot 6H_2O$	0.025	5	

3. 铁盐母液的配制

铁盐如果用柠檬酸铁，则和大量元素一起配成母液即可(表 4-3)。但目前常用的铁盐是硫酸亚铁($FeSO_4 \cdot 7H_2O$)和乙二胺四乙酸二钠的螯合物(Na_2-EDTA $\cdot 2H_2O$)，必须单独配成母液。这种螯合物使用起来方便，比较稳定，且不易发生沉淀。螯合的目的是为了避免 Fe^{2+} 被氧化成 Fe^{3+}，导致植物无法吸收利用。此类母液的配制方法如下：用感量为 0.01 g 的扭力天平或电子天平称取 5.56 g 硫酸亚铁和 7.46 g 乙二胺四乙酸二钠，分别用约 400 mL 重蒸馏水或蒸馏水溶解，并分别加热煮沸，然后混合两种溶液继续煮沸，冷却后定容至 1000 mL，贴好标签于冰箱 4 ℃保存。配制培养基时，每配制 1000 mL 培养基取此液 5 mL。

表 4-3 MS 培养基 铁盐母液的称量及定容(200×)

化合物名称	培养基配方用量/ (mg/L)	扩大 200 倍称量/ (mg/L)	配制要点
$FeSO_4 \cdot 7H_2O$	27.8	5560	定容于 1000 mL 重蒸馏水或蒸馏
Na_2-EDTA $\cdot 2H_2O$	37.3	7460	水中，每升培养基取此液 5 mL

4. 有机物成分的配制

在 MS 培养基配方中，有机物成分有维生素和氨基酸等（表 4-4），由于用量小，也应配成母液。按培养基配方用量的 200 倍，用感量为 0.0001 g 的电子分析天平分别称取后放入 100 mL 的烧杯中，加重蒸馏水或蒸馏水约 80 mL 溶解，然后混合定容于 1000 mL 容量瓶中，转移到储液瓶于冰箱中 4 ℃保存。配制培养基时，每配制 1000 mL 培养基取此液 5 mL。但也有例外，如肌醇用量较大，可单独配制成 10~20 mg/mL 的母液浓度，在配制培养基时单独加入，也可每次直接称量加入。

表 4-4　MS 培养基有机物成分的称量及定容（200×）

有机物名称	培养基配方用量/ （mg/L）	扩大 200 倍称量/ （mg/L）	配制要点
肌醇	100	20 000	
烟酸	0.5	100	
盐酸吡哆醇（维生素 B_6）	0.5	100	定容于 1000 mL 重蒸馏水中，每升培养基取此液 5 mL
盐酸硫胺素（维生素 B_1）	0.1	20	
甘氨酸	2.0	400	

5. 植物生长调节剂的配制

植物生长调节剂的使用比较灵活，要根据培养的植物种类和目的而定（表 4-5）。常用的植物生长调节剂如生长素和细胞分裂素配制成母液使用起来方便、准确。一般植物生长调节剂母液的浓度为 0.1~1.0 mg/mL。配制前需先用相应的少量有机溶剂进行溶解，然后再定容，倒入棕色试剂瓶中避光保存。贴好标签，写明配制植物生长调节剂的名称和浓度，配制时间，配制人姓名，存放于 4 ℃冰箱中。

表 4-5　植物生长调节剂母液相应的有机溶剂

激素名称	有机溶剂
2,4-D	95%乙醇
萘乙酸（NAA）	95%乙醇或 1 mol/L NaOH
吲哚丁酸（IBA）	95%乙醇或 1 mol/L NaOH
吲哚乙酸（IAA）	95%乙醇或 1 mol/L NaOH
6-BA	1 mol/L HCl 或 1 mol/L NaOH
激动素（KT）	1 mol/L HCl 或 1 mol/L NaOH
玉米素（ZT）	95%乙醇
赤霉素（GA_3）	95%乙醇
噻苯隆（TDZ）	1 mol/L NaOH

配制母液必须用重蒸馏水或蒸馏水，也可以用去离子水，配制后存放于冰箱中，可保存几个月。当发现母液中出现沉淀或霉团时，则不能继续使用。

五、作业及思考题

1. 为什么在配制培养基时先要配成较浓的混合母液？
2. 为什么各种混合母液的浓缩倍数不一样？
3. 配制混合母液时为什么要用重蒸馏水或蒸馏水？母液为什么要在 4 ℃冰箱中保存？
4. 配制母液时为什么要按顺序加入各种药品？

实验 5　培养基制备与灭菌

一、实验目的

学习并掌握培养基配制与高压高温湿热灭菌的操作方法。

二、实验原理

植物组织培养中培养物的生长分化，需要培养基提供其所需要的各种养分。由于培养物不能或难以进行自养，培养基不仅要像土壤一样给植物提供无机物质和水，还需要给其提供植物生长调节剂以及有机附加成分等。不同植物种类，不同培养目的，要求提供的营养物质也不同。一个完善的培养基至少应包括以下几个部分：无机营养元素(包括大量元素和微量元素)、铁盐螯合剂、蔗糖、有机附加成分、琼脂、植物生长调节剂，使用 KOH 或 NaOH 及 HCl 调整 pH 值，以及其他成分。

培养基中含有大量的有机物，特别含糖量较高，易滋生微生物，而接种材料需要在无菌条件下培养很长时间，如果培养基被微生物所污染，便达不到培养的预期结果。因此，培养基的灭菌，是植物组织培养中十分重要的环节。培养基灭菌的方法有多种，本实验主要介绍高压高温蒸汽灭菌法。

三、实验用具及药品

1. 实验用具

高压灭菌锅、电子天平(感量 $0.2 \sim 0.5$ g)、烧杯(300 mL、500 mL)、三角瓶(50 mL)、量筒(50 mL、100 mL、500 mL)、试管(2.5 cm×15 cm)、移液管、移液器、玻璃漏斗、记号笔、pH 试纸、吸耳球、线绳、封口膜、白瓷缸(500 mL、1000 mL)、电磁炉等。

2. 实验药品

蔗糖、琼脂、1 mol/L NaOH、1 mol/L HCl、各种培养基母液(如大量元素母液 20 ×，微量 200 ×，有机物 200 ×等)。

四、实验方法及步骤

1. 培养基配制

每组配制培养基 300 mL。

(1)每组取 50 mL 烧杯一只，用 50 mL 量筒量取大量元素 15 mL，分别用移液管(或移液器)吸取微量元素 1.5 mL，铁盐 1.5 mL、有机物质成分 1.5 mL，肌醇(20 mg/mL) 1.5 mL 和生长调节剂类(浓度由培养基配方确定)，置于烧杯中备用(注意移液管不能混用)。

(2)每组取 500 mL 白瓷缸一只，用量筒取 300 mL 蒸馏水倒入白瓷缸中。画好液位线，再将蒸馏水倒出一半。称琼脂 1.8 g 倒入白瓷缸中，再称蔗糖 9 g 备用。将加入琼脂的白瓷缸放在电磁炉上煮沸，煮时用玻璃棒不断搅动，待琼脂溶化后加入含各种母液的混合液，将装有混合液的烧杯用蒸馏水洗 3 次，倒入白瓷缸中，并加入蔗糖加热片刻(注意不要煮沸)，关闭电磁炉，加蒸馏水定容至液位线。

(3)用 1 mol/L NaOH 或 1 mol/L HCl 将 pH 值调至 5.8。调时应用玻璃棒不断搅动，并用 pH 试纸或 pH 剂测试 pH 值(1 mol/L HCl 的配制方法：量取浓盐酸 8.3 mL，用蒸馏水定容到 100 mL；1 mol/L NaOH 的配制方法：称取 4 g NaOH，用蒸馏水定容到 100 mL)。

(4)用玻璃漏斗，将 300 mL 培养基分别注于 30 只大试管中，每只约 10 mL，不可将培养基倒在试管内、外壁上。

(5)用封口膜封好，写明培养基代号，扎好线绳。

2. 培养基的灭菌

(1)培养基的高压蒸汽灭菌步骤

①往高压灭菌锅内(外层锅内加水)加蒸馏水，加水水位高度不超过底部支柱高度。

②将分装好的培养基及所需灭菌的各种用具、蒸馏水等，放入高压灭菌锅的消毒桶内，盖好锅盖，若是手提式高压灭菌锅，则需对称拧紧螺丝。

③加热高压灭菌锅，打开放气阀，待煮沸排除冷空气后再关闭；若是自动控制高压灭菌锅，则省去此步骤。

④锅上压力表指针开始移动，当指针移至 1.1~1.2 kg/cm^2，温度为 121 ℃时，维持该压力 20 min 即可切断电源，待压力降为 0 后，才能打开锅盖。

(2)高压蒸汽灭菌注意事项

①锅内冷气必须排尽，否则压力表指针虽达到一定压力，但由于锅内冷空气的存在，并不能达到应有的温度，因而影响灭菌效果。

②当达到一定压力后，注意在保持压力过程中，严格遵守时间安排，保持时间过长会使一些化学物质遭到破坏，影响培养基成分，时间短则达不到灭菌效果。

③待灭菌的液体不超过容器总体积的 70%，否则当温度超过 100 ℃时，培养基会喷溢，造成培养瓶壁和封口膜的污染。

④锅内待灭菌物品不能装得太满，以保证上下气流回流。

五、注意事项

若母液沉淀，必须及时重新配制；吸取母液时要换算好母液倍数与吸取的数量，防止出现差错；琼脂必须完全溶解后进行分装，防止培养基过硬或不凝固。此外，培养基配制后需当天灭菌完。

六、作业及思考题

1. 简述高压灭菌锅的正确使用方法。自动控制或普通高压灭菌锅使用时为什么都需要排放冷气？使用中应注意哪些问题？

2. 从灭菌锅中取出的培养基待冷却后是否可立即使用？若不可以，为什么？

3. 培养基的主要成分包括哪几类？如何配制？

4. 培养基凝固后，放置 3 d 后再使用会更保险，为什么？

实验 6　过滤灭菌及其他培养基准备

一、实验目的

进一步练习和巩固各种培养基(分化、生根、继代)的配制方法,学习过滤灭菌器的使用方法,熟悉过滤灭菌的操作技术。

二、实验原理

对某些在高温条件下不稳定或容易分解的药品,如赤霉素、吲哚乙酸等不能进行高压高温灭菌,必须用过滤灭菌的方法进行处理。过滤灭菌就是采用孔径小于微生物直径的滤膜(一般 0.02 μm)将微生物过滤,通过滤膜的液体就是过滤掉微生物的无菌液体,从而达到无菌的目的。把经过过滤灭菌的药液在培养基凝固前(约 40~50 ℃)加入经过高压灭菌后的培养基中,摇匀后分装,待冷却后使用。为了保险起见,可将凝固的培养基放置 3~5 d 后使用,暂时不用的培养基最好置于 4~10 ℃条件下避光保存,或冷藏室保存;含生长调节物质的培养基于 4~5 ℃低温保存,含吲哚乙酸和赤霉素的培养基应在一周内使用完毕,在使用前保存于黑暗处。

三、实验用具及药品

1. 实验用具

组织培养常用仪器、注射器、细菌过滤器、移液器、枪头滤膜、封口的无菌空培养瓶等。

2. 实验药品

按培养基配方准备。

四、实验方法及步骤

1. 过滤灭菌

(1)滤膜在 70 ℃水中浸泡 30 min。

(2)将滤膜装入细菌过滤器,轻拧至刚好扣好即可。

(3)配好简单培养基(3%蔗糖、0.6%琼脂)。

(4)将细菌过滤器及各种大小枪头用报纸包好或放入湿热灭菌耐高温袋中,与分装的培养基(10~15 mL/瓶),以及封口的空培养瓶等进行高压高温湿热灭菌 20 min。取出已经灭菌的细菌过滤器、无菌培养瓶空瓶等,待用(对于商业化的一次性无菌的细菌过滤器,可省去前面的滤膜预处理和灭菌处理,直接在超净工作台上打开包装,进行过滤灭菌操作)。

(5)在超净工作台上,打开报纸或灭菌袋,取出细菌过滤器,将其拧紧,将吸有待过滤液体的注射器(不含针头)于过滤器上口拧好;过滤时,对准无菌培养瓶轻推注射器气筒，过滤的药剂液体滴入无菌空瓶中。然后用移液器(无菌枪头)将过滤的无菌药剂加入到即将凝固的培养基中(注意要等刚灭完菌的培养基稍冷却，又未凝固时滴入)，摇匀后迅速分装，自然冷却凝固。

(6)一周后，观察培养基上是否有菌落形成，如无菌落形成则表明过滤灭菌成功。

2. 下次实验的培养基配制

①分化培养基　MS+BA 0.3 mg/L+NAA 0.1 mg/L+蔗糖 30 g/L+琼脂 7 g/L

②生根培养基　$\frac{1}{2}$MS 或 $\frac{1}{4}$MS+NAA 0.2 mg/L+IBA 0.2 mg/L+蔗糖 30 g/L+琼脂 7 g/L

③继代培养基　MS+BA 0.5 mg/L+NAA 0.1 mg/L+蔗糖 30 g/L+琼脂 7 g/L

五、注意事项

1. 在灭菌前不能将过滤器拧得太紧(图 6-1)，以防损坏滤膜，造成过滤灭菌不彻底。过滤灭菌时手指不能接触过滤器下部的出液口，以防滤液污染。

2. 一般需要过滤灭菌的药剂都是配成较高浓度的母液，所以，将过滤灭菌的无菌药剂加入到未凝固的培养基之前，先要根据该药剂在实际培养中所需的浓度计算出所加该药剂的体积，再加入到培养基中。

六、作业及思考题

1. 一周以后观察各种经过过滤灭菌的培养基上是否有菌落形成，并总结过滤灭菌操作的效果。

2. 为什么有些种类的培养基要采用过滤灭菌方式进行灭菌？

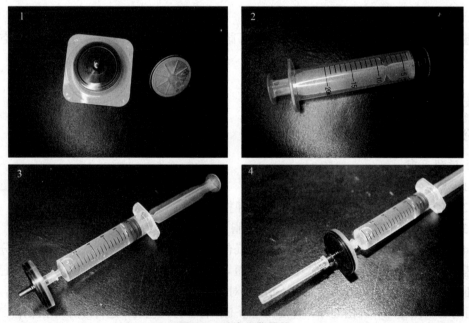

图 6-1　过滤灭菌器具

1. 过滤器　2. 注射器　3. 注射器与过滤器合组　4. 完整过滤灭菌组合

实验 7　木本植物外植体采集与处理

一、实验目的

　　了解木本植物的年龄效应、位置效应对组培的影响，学会根据不同的实验目的选取适宜的外植体材料，并掌握相应的处理方法。

二、实验原理

　　获取合适的外植体，是植物组织培养获得成功的关键因素之一。木本植物经多年生长，枝条长期暴露于外界环境中，枝条表面带有大量包括细菌和真菌在内的微生物，有些微生物甚至侵入到枝条组织内部。因此，合理采集木本植物外植体并进行恰当的处理是组织培养成功的首要步骤。

　　与草本植物相比，植物组织培养中选取木本植物外植体更加困难，需要考虑众多因素，主要包括以下方面：

　　(1)年龄效应较为显著

　　来源于幼树的外植体材料容易培养，而来源于野外生长大树的材料灭菌困难，不同取样时期的灭菌效果也不一样。

　　(2)位置效应比较明显

　　从树木的低部位到高部位取外植体，材料生长表现不同，培养结果也存在较大差异。

　　(3)木本植物存在季节性、环境诱导性休眠

　　组培时需要采取措施打破木本植物的休眠。

　　因此，木本植物在进行外植体的采集和处理时，要考虑外植体的取材时间、部位、外植体预处理等多种因素，以使其在组培中有好的灭菌效果和增殖潜力。

三、实验用具及药品

　　1. 实验用具

　　组织培养常用仪器，以及镊子、剪刀、高枝剪、水桶等。

　　2. 实验药品

　　灭菌剂，其他实验药品按培养基配方准备。

四、实验方法及步骤

　　1. 不同年龄段的外植体选取

　　选取大树和幼树的材料，进行表面灭菌，并进行培养，定期观察，统计污染率和成活率，比较外植体灭菌效果及生长状态的差异，每个年龄段接种 30 个外植体，实验重复3 次。

2. 外植体预先培养对培养效果的影响

于 1~2 月剪取 2 年生的杨树的休眠枝条，在室内或温室对枝条进行预先培养。将剪切枝条用清水洗干净，温室内水培使其抽枝发芽（多数休眠枝条可在水培条件下萌芽，如果休眠枝细弱不易发芽，可提高室温和使用水培营养液，比如 Hoagland 营养液），选取新抽枝条的茎尖作为外植体进行灭菌，以未经室内水培的枝条作为对照，进行组织培养对比实验。定期观察，统计污染率和成活率以及生长情况，每个处理接种 30 个外植体，实验重复 3 次。

3. 外植体取样时间对培养效果的影响

选取同一株树相同部位，分别取 8:00~9:00、13:00~14:00、17:00 后三个不同时间段的外植体材料如茎尖，或一周内晴天、阴（雨）天的材料，统计污染率和成活率，比较外植体灭菌效果的差异，每个时间段接种 30 个外植体，实验重复 3 次。

4. 外植体取样部位及位置效应等对培养效果的影响

比较杨树枝条深层（内部的分生组织）和表面、浅层材料；或选取杨树顶芽、半木质化的中上部茎段和基部萌条茎段做外植体，将外植体剪成合适大小后进行表面灭菌，并进行培养，定期观察，统计污染率和成活率，比较外植体灭菌效果及生长状态的差异，每个部位接种 30 个外植体，实验重复 3 次。

5. 培养基参考配方

MS+NAA 0.1 mg/L+ 6-BA 0.3 mg/L+蔗糖 20.0 g/L

其中：污染率＝（污染数/接种数）×100%；死亡率＝（死亡数/ 接种数）×100%；存活率＝（存活数/接种数）×100%。

五、注意事项

1. 由于实验时间和季节不同，难以同时开展以上所有实验，因此，可以任选一种或几种上述的外植体材料进行实验。

2. 外植体取材季节的实验，一般选择在生长季节，其中以春季取材效果最好。

六、作业及思考题

1. 简要叙述外植体的概念及种类。

2. 什么是植物的年龄效应和位置效应？

3. 选择木本植物作为组织培养的外植体应考虑哪些因素？

实验 8　外植体接种

一、实验目的

　　领会无菌培养过程中实验材料表面灭菌、接种操作的要求，初步掌握材料表面灭菌、试管苗接种操作的技术要领。

二、实验原理

　　外植体接种，是培养材料从有菌向无菌的转变，并能够在人工配制的培养基上生长，有目的地进行定向培养。一种情况是外植体通过脱分化、再分化，最后形成完整植株；另一种情况是外植体上的芽(顶芽或侧芽或潜伏芽)经诱导培养后长出，最后形成完整植株。其中脱分化是指在组织培养中，外植体周围细胞可进行细胞分裂，产生愈伤组织，这种原已分化的细胞，失去原有的形态和功能，形成没有分化的无组织结构的细胞团或愈伤组织的过程。再分化则是指愈伤组织经过继代培养后，又可产生分化现象，这些由脱分化状态的细胞再度分化形成一种或几种类型细胞甚至组织的过程。

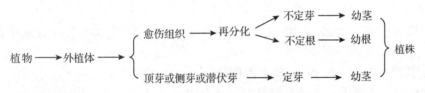

　　组织培养是在无菌条件下培养植物的离体组织，所以植物材料必须完全无菌，双氧水、乙醇、84消毒液(含次氯酸钠等有效物质)、高锰酸钾等是常用的灭菌剂。培养材料的表面灭菌是组织培养技术的重要环节。培养材料进行表面灭菌时，一方面，应考虑药剂对各类菌种的杀灭效力，从中选择出高效的杀菌剂；另一方面，还应考虑植物材料对杀菌剂的耐受性，即不能因选用强杀菌剂而使植物的组织、细胞受到损伤或致死。至于选用一种或几种药剂进行表面灭菌，灭菌时间长短等，应依据植物材料的不同进行综合考虑。

三、实验用具及药品

　　1. 实验用具
　　超净工作台、镊子、剪刀、高温消毒器、锥形瓶、罐头瓶、接种盘等。
　　2. 实验药品
　　无菌水、84消毒液、70%乙醇。

四、实验材料

　　外植体以当地易获取的植物为实验材料，如顶芽、腋芽、茎段、叶片、叶柄、鳞茎等，通常采用重瓣榆叶梅（花苞）、大叶黄杨（茎段含腋芽）、毛白杨（茎段含腋芽、顶芽）、金银忍冬（茎段含花芽）、华北珍珠梅（芽）、金银木、丁香、暴马丁香、银杏茎段（含基部萌条芽、树体顶芽、腋芽）、鹅掌楸、杉木等茎段。

值得注意的是，组织培养中，植物材料越新鲜越好，一般取当年新芽。从室外植株上现取的外植体材料，一般带有灰尘等污染物，如重瓣榆叶梅之类的材料，可用毛笔蘸洗涤灵等清洗干净，并尽快进行灭菌处理。如果在我国北方的冬季，无法选取生长中的外植体材料，这时可以将硬枝（如毛白杨、刺槐等）枝条带回实验室进行水培催芽，催芽的材料多为硬枝，一般选择较干净的枝条剪下，用水清洗干净，放于温室或人工气候室中催芽，如果环境湿度较小需要采取保湿措施，待新芽萌发后采下用于外植体灭菌。

五、实验方法及步骤

1. 前期准备工作

配制 70% 乙醇、84 消毒液（1∶4）；其中 84 消毒液（1∶4）要用无菌水在超净台上配制。无菌空瓶和无菌水应提前灭菌并冷却至室温。提前配制好启动培养基。

2. 灭菌工作准备

将接种工具、无菌水、培养基等置于接种台上，打开超净台通风开关，放下超净工作台的玻璃挡板，打开超净台内安装的紫外灯开关，20 min 后关掉紫外灯开关，之后可在超净工作台上进行操作。

3. 超净工作台进行材料灭菌操作

（1）向台内喷洒 70% 乙醇或以 70% 乙醇棉球擦拭台面，并用 70% 乙醇对双手进行消毒。

（2）将材料用 70% 乙醇浸润 30 s，将乙醇倒出。

（3）将材料用无菌水冲洗 1~3 遍，转移到无菌瓶中。

（4）用 84 消毒液处理 10~40 min（分设梯度如 10 min、20 min、30 min、40 min）。

（5）用无菌水冲洗 3~4 次，除去残留的灭菌液。

4. 接种工作

用无菌的剪刀和镊子将材料进行适当的剪切并接入培养基中，做好标记，放入培养室中进行培养。

六、注意事项

1. 在超净工作台接种时，应尽量避免出现明显扰乱气流的动作，以免气流紊乱，造成污染。材料要尽快处理和进行表面灭菌，有利于启动培养。灭菌时每瓶中灭菌材料以 5~10 个为宜，过多不利于彻底灭菌。接种时，为了避免交叉污染，每瓶中可只接种 1 个外植体，这样有助于提高获得无菌材料的概率。

2. 初次接种的材料，最好选择小体积的培养瓶，每瓶外植体不宜放置过多，最好一瓶放 1 个外植体，以免相互污染。

3. 对已经木质化或者带有坚硬种皮的种子的表面灭菌，外植体灭菌时间可适当延长。

七、作业及思考题

1. 接种后调查污染及外植体生长情况，并作记录；分析引起污染的可能原因。
2. 如何选择外植体？在取木本植物外植体时为什么要考虑其发育阶段？
3. 描述外植体表面灭菌方法。
4. 外植体表面灭菌常用的化学药品有哪些？
5. 什么是脱分化和再分化？什么是定芽和不定芽？

实验 9 外植体表面灭菌的完全随机区组试验设计

一、实验目的

领会无菌培养过程中实验材料表面灭菌所选择的灭菌剂浓度、灭菌时间的依据，初步掌握利用完全随机区组设计对外植体表面灭菌条件进行优选的方法。

二、实验原理

组织培养的全过程是在无菌条件下进行的，为了保证无菌，一般采用物理方法或者化学方法进行灭菌。培养材料的表面灭菌是组织培养技术的重要环节，对于无菌培养的离体组织，一般采用化学方法灭菌，常用的灭菌剂有70%乙醇、84消毒液的稀释液（含次氯酸钠等有效物质）、高锰酸钾等，为了达到无菌的效果，操作过程中往往综合使用两种或两种以上的灭菌剂。培养材料进行表面灭菌时，一方面，应考虑药剂对各类菌种的杀灭效力，选择高效的杀菌剂；另一方面，还应考虑植物材料对杀菌剂的耐受性，即不能因选用强杀菌剂而使植物的组织、细胞受到严重损伤或致死。另外，灭菌剂浓度越高、处理时间越长，往往灭菌效果更好，但同时对植物材料的损伤也越大。由于外植体材料的不同、染菌程度的不同，需要针对性地通过试验设计选择灭菌剂的适宜浓度和灭菌时间。

完全随机区组设计又称随机区组设计、随机完全区组设计等，是科学实验的常用方法。该设计方法灵活，可用于单因素或多因素设计。通过该设计方法得到的数据能够无偏估计误差，实验精度高。因此在植物组织培养中比较常见。

三、实验用具及药品

1. 实验用具

超净工作台、镊子、剪刀、高温消毒器、锥形瓶、组培瓶等。

2. 实验用品

无菌水、84消毒液、70%乙醇。

四、实验材料

植物材料通常采用重瓣榆叶梅（花苞）、大叶黄杨（茎段含腋芽）、毛白杨（茎段含腋芽、顶芽）、金银忍冬（茎段含花芽）、华北珍珠梅（芽）、金银木、丁香、暴马丁香、银杏、冬青、鹅掌楸、杉木、海棠等。

五、实验方法及步骤

1. 试验设计

采用双因素完全随机设计（表9-1），考察84消毒液浓度（A因素）分别为10%、20%、

表 9-1　外植体表面灭菌试验设计表

实验号	84 消毒液浓度/%	灭菌时间/min
1	10	30
2	10	50
3	10	70
4	20	30
5	20	50
6	20	70
7	30	30
8	30	50
9	30	70

30%，三种灭菌时间（B 因素）分别为 30 min、50 min、70 min 的浓度和时间的最佳组合。因此，该设计有 9 个处理组合，每个组合处理 5 个外植体。实验设置 3 次重复。

2. 准备工作

配制 70%乙醇，用无菌水在超净台上配制 10%、20%、30%的 84 消毒液（体积比）。无菌空瓶和无菌水应提前灭菌并冷却备用，并提前配制启动培养基。将接种工具、无菌水、无菌空瓶、培养基等置于超净工作台上，打开超净工作台通风开关 20~30 min，同时紫外照射 15 min 进行灭菌。超净工作台通风开机 20 min 后即可上台操作。

3. 工作台植体材料灭菌操作

(1)接种台面喷洒 70%乙醇或 70%乙醇棉球擦拭台面，并用 70%乙醇进行双手消毒。

(2)将材料用 70%乙醇浸润 30 s，将乙醇倒出；若是木质化的茎段，可延长至 45~60 s。

(3)将材料用无菌水冲洗一遍，转移到无菌瓶中。

(4)用试验设计中设定好的对应浓度的 84 消毒液处理相应时长。

(5)用无菌水冲洗 3~4 次，除去残留灭菌液。

4. 接种

用无菌的剪刀和镊子将材料进行适当的剪切并接入培养基中，做好标记，放入培养室进行培养。

六、作业及思考题

1. 接种后调查记录 9 种处理组合污染及外植体生长情况。

2. 统计不同处理成活率、生长状况等指标，进行方差分析，找到最佳处理组合。

3. 根据以上数据结果描述不同处理差异的可能原因。

实验 10 继代、分化和生根培养

一、实验目的

学会分化培养、继代培养和诱导根的分化获得再生植株。掌握培养材料的剪切方法及接种技术。

二、实验原理

对于一些难分化、再生能力弱的植物或没有经过实验的植物，仅获得无菌材料，并不说明组织培养已获成功，还需要诱导外植体生长与分化，使它能够顺利增殖。将获得的无菌母株，在无菌条件下进行再次切割，继代培养加速繁殖。对无菌植株进行芽与根分化时，需要生长调节物质。通过调整生长素和细胞分裂素比例，从而达到分化、生根培养的目的。

三、实验用具及药品

1. 实验用具

高压灭菌锅、超净工作台、天平、培养皿、滤纸、移液管、烧杯、剪刀、镊子等。

2. 实验用品

MS 母液、肌醇、生长调节物质、琼脂、蔗糖等。

四、实验材料

无菌试管苗。

五、实验方法及步骤

1. 继代培养

(1)将实验用小型仪器、培养基、培养材料放入超净工作台，用乙醇擦双手和台面，将镊子、剪刀放入高温消毒器中。

(2)将在培养基中培养好的无污染的芽苗切分成带芽小茎段转接入继代培养基中进行增殖培养，每瓶接种 5 株。

2. 根的诱导

(1)将实验用小型仪器、培养基、培养材料放入超净工作台，用乙醇擦拭双手和台面，将镊子、剪刀放入高温消毒器中。

(2)将在培养基中培养好的无污染的芽苗切分成小茎段转接入生根培养基中，每瓶接种 5 株，对于难生根植物，剪切茎段时，在其腋芽下部 0.2~0.5 cm 处剪切，有利于根的诱导。

3. 分化培养

(1)将实验用小型仪器、培养基、培养材料放入超净工作台，用乙醇擦双手和台面，将镊子、剪刀放入高温消毒器中。

(2)将在培养基中培养好的无污染的芽苗切分成小茎段或芽丛转接入分化培养基中，每瓶接种 5 株或 5 丛。

六、注意事项

1. 以上三项要分别做好标记。

2. 培养材料的剪切有两种方法：一是直接在培养瓶内剪切；二是用镊子取材后置于无菌培养皿中分段切开。两种方法均勿将污染物带入新培养基中。特别是在瓶中剪切，要防止剪子或镊子的后半部分与培养材料接触而引起污染。

3. 诱导生根的茎段在 2~3 cm 以上时，易于生根。

七、作业及思考题

1. 观察并描述继代培养的生长情况、植株根生长情况、再生植株芽分化情况。

2. 为什么在组培过程中大多数植物要经过分化培养和生根培养？依据是什么？

实验 11   生根培养的正交设计

一、实验目的

利用正交设计进行生根培养基优化，筛选出适用于某种植物材料的最佳植物生长调节素的种类、浓度及其配比。

二、实验原理

在生根培养中，基本培养基种类以及培养基中植物生长调节剂的种类、浓度及其配比是影响组培苗生根的关键因素。由于不同植物材料生根培养中所需要的基本培养基内含物、植物生长调节的种类和浓度等具有一定差别，需要通过实验进行培养基的优化，找到最佳组合。

正交设计是利用正交表来安排与分析多因素试验的一种设计方法，它能够从试验的全部水平组合中，挑选出部分有代表性的水平组合进行试验，通过对这部分试验结果的分析能够找到各个因素的最优水平，从而确定最佳处理的因素、水平组合。

三、实验用具及药品

1. 实验用具

高压灭菌锅、超净工作台、天平、培养皿、滤纸、移液管、烧杯、剪刀、镊子等。

2. 实验药品

MS 母液、肌醇、生长调节物质、琼脂、蔗糖等。

四、实验材料

毛白杨无菌试管苗。

五、实验方法及步骤

1. 试验设计

设置 3 种因素，每因素各 3 个水平，见表 11-1。

表 11-1　生根诱导实验因素水平表

水平 \ 因素	基本培养基	IBA/（mg/L）	NAA/（mg/L）
1	MS	0.1	0.2
2	1/2MS	0.2	0.4
3	1/2MS 改良	0.3	0.6

注：1/2MS 改良：1/2MS+3 mg/L 维生素 B_2。

根据实验选取的因素和水平，采用正交设计 $L_9(3^4)$，见表 11-2。

表 11-2　正交表 $L_9(3^4)$

实验号＼因素	A	B	C
1	1	1	1
2	1	2	2
3	1	3	3
4	2	1	3
5	2	2	1
6	2	3	2
7	3	1	2
8	3	2	1
9	3	3	3

进行表头设计后，得到 9 种实验组合，见表 11-3。

表 11-3　生根诱导实验的正交设计表

实验号＼因素	基本培养基	IBA 浓度/(mg/L)	NAA 浓度/(mg/L)
1	1(MS)	1(0.1)	1(0.2)
2	1(MS)	2(0.2)	2(0.4)
3	1(MS)	3(0.3)	3(0.6)
4	2(1/2MS)	1(0.1)	3(0.6)
5	2(1/2MS)	2(0.2)	1(0.2)
6	2(1/2MS)	3(0.3)	2(0.4)
7	3(1/2MS 改良)	1(0.1)	2(0.4)
8	3(1/2MS 改良)	2(0.2)	1(0.2)
9	3(1/2MS 改良)	3(0.3)	3(0.6)

按照以上 9 种组合，配置 9 种培养基备用。将组培苗处理好后，分别接种于以上 9 种培养基中。实验重复 3 次。

2. 操作步骤

(1)将实验用仪器、培养基、外植体放入超净工作台，用乙醇擦手和台面，将镊子、剪刀放入高温消毒器中。

(2)将在培养基中培养好的无菌芽苗切分成小茎段，分别转接入 9 种生根培养基中，每瓶中接种 5 株，每种培养基接种 6 瓶作为一个重复。实验重复 3 次。

六、注意事项

对 9 种不同的处理要分别做好标记，避免混淆。

七、作业及思考题

1. 观察记录不同处理植株生根情况，包括生根时间、根长、生根数量等。

2. 计算不同处理的生根率、平均生根数等指标。

$$生根率 = \frac{生根株数}{转接株数 - 污染株数} \times 100\%$$

$$平均生根数 = \frac{总生根条数}{生根株数} \times 100\%$$

3. 通过极差分析找到最佳处理组合，利用方差分析进行显著性检验。

实验 12　试管内微嫁接技术

一、实验目的

通过枣树组培苗的试管内微嫁接技术实验，掌握试管内微嫁接操作技术，了解影响试管内微嫁接技术的主要因素及其实验原理。

二、实验原理

微嫁接是一种在试管内将砧木与接穗进行嫁接的技术，它是组培快繁与嫁接技术的结合。可广泛应用于脱除果树病毒、快速繁育无病毒苗木、繁殖和保存珍贵的育种材料和种质资源、快速检测植物病毒等方面。根据微嫁接所选用的接穗不同，可分为茎尖嫁接、微枝嫁接、愈伤组织嫁接和细胞嫁接等。与常规的嫁接方法相比，微嫁接具有其自身特有的优越性：

(1) 周期短、费用低、占地少、成活率高；

(2) 进行微嫁接后，生长条件可以人为控制，提高了相关科学研究的可信度；

(3) 不受季节的限制和环境的影响，可以在实验室常年进行；

(4) 有利于进行嫁接亲和力的研究。

在植物试管内微嫁接技术中，培养基中蔗糖浓度、植物生长调节剂和抗氧化剂，砧木与接穗上叶片的有无，用作砧木或接穗的试管苗的培养时间等均会影响微嫁接成活率。

三、实验用具及药品

1. 实验用具

电子天平、高压灭菌锅、酸度计、超净工作台、量筒、烧杯、容量瓶、三角瓶、镊子、剪刀、记号笔、锡箔纸等。

2. 实验药品

MS 培养基、蔗糖、琼脂、BA、IBA、乙醇、84 消毒液、无菌水等。

四、实验材料

酸枣种子、冬枣组培苗、南京大木枣组培苗、铃枣组培苗。

五、实验方法及步骤

1. 培养基制备

根据实验要求基本培养基为 MS，琼脂 7 g/L，添加不同浓度配比的 BA、IBA、IAA 等生长调节剂和不同浓度的蔗糖。

配制添加不同种类、浓度的及渗透压调节物的培养基，调节 pH 至 5.8，将其分装在三角瓶中，高压湿热蒸汽灭菌后备用。

2. 制备接穗

将冬枣在 MS+BA 1.0 mg/L+IBA 0.5 mg/L 中继代培养 25 d 的组培苗，按实验所需剪成茎段作为接穗。

3. 制备砧木

取酸枣种子进行外植体表面灭菌后，用同样的培养基在培养瓶中育苗。用培养 40 d 后的酸枣组培苗作为微嫁接的砧木。

4. 试管内微嫁接

在无菌条件下，将作为砧木的组培苗留顶部两片叶子去头，留长约 1.5 cm 的带根砧木茎段，沿砧木顶部纵切，长度约为 0.5 cm；切取长度约 1.0 cm 且粗度与砧木相近的接穗，去除叶子，并将其基部削成楔形（长约 0.3 cm）。将接穗插入砧木中，用锡箔纸将接口部位固定，嫁接 50 株。把嫁接好的试管苗接入培养基中培养。50 d 后进行观察并统计嫁接成活率。

$$嫁接成活率 = \frac{成活株数}{嫁接总株数} \times 100\%$$

5. 培养条件对微嫁接成活率的影响

（1）加入不同浓度蔗糖的处理

将嫁接苗接种到不同蔗糖浓度的培养基中，浓度设 10 g/L、30 g/L、50 g/L、70 g/L 共 4 个处理，以无蔗糖培养基为对照。每个处理嫁接 30 株，重复 3 次，40 d 后调查嫁接成活率及嫁接苗的生长状态，探讨不同蔗糖浓度对微嫁接成活的影响。

（2）培养温度对微嫁接成活率的影响

将嫁接苗放置到 24 ℃、28 ℃、33 ℃ 3 个不同温度的环境中，40 d 后调查嫁接成活率及嫁接苗的生长状态，筛选出微嫁接的最适温度。

（3）培养湿度对微嫁接成活率的影响

本实验通过加盖不同封口材料来控制瓶内的湿度。3 个处理分别为：棉塞+牛皮纸盖（湿度较小）；棉塞+单层封口膜（湿度中等）；棉塞+双层封口膜（湿度较大）。40 d 后调查嫁接成活率及嫁接苗的生长状态，筛选出最适于微嫁接的湿度条件。

（4）生长调节剂、砧穗处理对微嫁接成活率的影响

实验中所用生长调节剂种类分别为 GA$_3$、6-BA、IBA、NAA。生长调节剂处理方法包括混培法、滴加法和浸泡法。

①混培法　将嫁接苗分别接种到浓度为 0.5 mg/L 的 4 种生长调节剂的培养基中。

②滴加法　嫁接完毕后，将浓度为 50 mg/L 的各生长调节剂溶液滴加到嫁接苗的接口处。

③浸泡法　接穗、砧木剪切好后分别在浓度为 0.5 mg/L 的各生长调节剂溶液中浸泡 10 min，然后进行嫁接。

培养 40 d 后，调查以上各处理的嫁接成活率及嫁接苗的生长状态。

六、作业及思考题

1. 试管内微嫁接技术的优势有哪些？
2. 影响试管内微嫁接成活率的条件有哪些？

实验 13 试管外生根技术

一、实验目的

通过以树莓无根试管苗材料进行试管外生根技术实验，掌握无根试管苗的试管外生根的操作技术及其主要影响因素，了解植物试管外生根技术的原理。

二、实验原理

试管苗瓶外生根技术是将试管苗生根阶段的生根与驯化结合起来，即继代培养的茎段经过一定的处理后直接移入移栽基质中，使其在适宜的环境下生根的技术。它是把经过生长素处理的无根茎段扦插到既透气又保湿的基质中，并提供生根生长所需的光照、温度、水分、养分等条件来完成生根的过程。该技术具有简化培养程序、节约室内培养空间、缩短育苗周期、提高移栽成活率以及降低成本等特点。

植物离体根的发生都来自不定根，根的形成从形态上可分为两个阶段，即根原基的形成与根原基的伸长和生长。大量研究表明，根原基的形成与生长素有关，而根原基的伸长和生长则可以在没有外源生长素的条件下实现。瓶外生根技术即依据此原理发展而来的，并依据此原理对生根难易程度不同的植物材料进行不同外源生长素、不同培养条件等处理，从而促进根原基的形成。

三、实验用具及药品

1. 实验用具

穴盘、竹条、塑料膜、镊子、打孔器、喷壶、遮阳网、量筒、烧杯、三角瓶、记号笔等。

2. 实验药品

基质、高锰酸钾、多菌灵、海藻素、复合肥等。

四、实验材料

苗高 3 cm 左右的'秋红'树莓无根试管苗茎段，或香果树无根试管苗茎段，或罗汉果新品种"桂汉青皮 1 号"无根试管苗茎段。

五、实验方法及步骤

1. 过渡炼苗

将待移栽的继代试管苗置于日光温室中进行炼苗，炼苗期间根据光照强度进行适当遮光处理，在不打开瓶盖的条件下炼苗 10~15 d，然后将瓶盖打开，在开瓶口条件下继续炼苗 3~4 d，使试管苗充分适应外界条件。

2. 试管苗移栽及生根处理

(1)移栽基质的准备与处理

实验采用 3 种基质，分别为带一定腐殖土的黄沙、掺入 25% 河沙的草炭土、河沙与蛭石(1：1)。移栽前 24~48 h 用 0.1%~0.2% 高锰酸钾溶液喷洒基质进行消毒；移栽时，用清水将基质中的高锰酸钾残液冲洗干净后进行移栽。采用 105 孔穴盘进行移栽，穴盘在装填基质前，用 0.2% 高锰酸钾溶液喷洒消毒，用清水漂洗干净，晾干后分别将 3 种消毒基质装入穴盘中，每种基质装 5 个穴盘，注意松紧适度。

(2)搭建拱棚

在温室内，用竹条搭建宽 1.2~1.5 m，高 0.5 cm 左右的塑料小拱棚，长度根据实验需要来定。

(3)试管苗处理

将高 3 cm 以上、生长健壮的无根茎段剪出，用生长素处理不同时间后立即进行试管外扦插。实验选用的生长素为 IBA，不同浓度处理设置为 1 mg/L、3 mg/L、5 mg/L、7 mg/L，浸泡 1 h 或 2 h，每个处理移栽 1 个穴盘，以清水浸泡无根茎段相同时长作为对照。

(4)试管苗微扦插

用打孔器打 0.5 cm 深孔，将 1 株无根茎段放入孔中，然后用打孔器将孔用基质密封(操作时用打孔器切勿用手，同时注意动作轻柔不能将苗折断)。栽好后，将其放入拱棚中，栽好 1 盘摆 1 盘。当摆满 1 个拱棚后，用喷壶向穴盘苗浇一遍透水使基质与苗根部紧密结合，用塑料膜封闭小拱棚，并覆盖 70% 遮光率的遮阳网。

(5)移栽后管理

①湿度控制　移栽后 3 d 内，拱棚内湿度控制在 90% 以上，3 d 后小拱棚内湿度可逐渐降低，但应控制在 75% 及以上，若需要放风降湿则先将温室风口闭严，确保无冷风吹入后将拱棚一侧风口打开，一般选择没有阳光直射的一面降低湿度。

②温度控制　日温控制在 25 ℃左右，最高不超过 28 ℃，夜温控制在 9 ℃以上。一般 15~20 d 生根。

③生根后的管理　基质表面发白要及时喷水浇透。生根后浇施 0.1%~0.2% 复合肥(N：P：K=1：1：1 或 2：1：1)，用喷壶喷透，1 周 1 次。

3. 观察记录

观察记录树莓茎段的生根时间，30 d 后统计不同基质及生长素处理浓度实验的生根率、生根数及根长。

六、作业及思考题

1. 试管外生根技术的原理是什么？
2. 提高试管苗瓶外生根率的措施有哪些？

实验 14   生根试管苗的炼苗驯化

一、实验目的

了解试管苗的特点；掌握试管苗闭口炼苗和驯化方法。

二、实验原理

试管苗从生根到移栽，其生存环境从人工控制的高湿、弱光环境过渡到室外的自然环境，如不注意炼苗驯化，以使其逐渐过渡和适应，可能会前功尽弃，这是由试管苗的特点决定的。试管苗生长细弱且光合能力差，叶片的角质层不发达，没有覆盖或仅有较少表皮毛，叶片气孔数目多，根的吸收功能弱，对逆境的适应能力差。因此，要选择合适的方式进行试管苗炼苗，提高试管苗的木质化程度和抗逆能力，增强光合能力，以提高试管苗移栽成活率。

三、实验用具

温度计、湿度计、光强测定计、光照培养箱、不同透光率的遮阳网、炼苗室、移栽温室或大棚、移栽基质、移苗盘或移苗杯、保湿用塑料膜等。

四、实验材料

杨树组培生根苗。

五、实验方法及步骤

1. 前期准备

挑选具有完整根系的试管苗，在不打开试管苗瓶盖的前提下，将试管苗放置在能够接受自然光的炼苗室中，进行试管苗闭口炼苗，通过安置不同透光率的遮阳网调节日光光照强度。初期光照强度要低，随着炼苗时间延长，逐步提高日光光照强度。

2. 实验设计

闭口自然光下炼苗分别设置 4 组，即经过 1 d、5 d、10 d、15 d 炼苗之后打开瓶口继续炼苗(在可见的菌落形成之前停止，并进行移栽)。初期光照强度应较弱，适应后增强光照强度。每组设置 30 株以上。

3. 实验结果

分别闭口炼苗经过上述时间段后(如闭口炼苗 10 d)，打开瓶盖继续炼苗若干天，再开口炼苗设置 1 d、3 d、5 d(在可见的菌落形成之前停止，并进行移栽)3 组，待小苗茎叶颜色加深，根系颜色由黄白色变为黄褐色即可准备出瓶移栽。每组设置 30 株以上。

六、注意事项

　　炼苗过程中，要注意温、湿度的调节。炼苗场所的温度要与培养室的温度尽可能保持一致，避免温度过高或过低，否则易导致幼苗生长异常，甚至死亡，湿度则要比培养室略高。若中午阳光较强，可通过选择不同透光率的遮阳网进行遮阴，防止试管苗日灼，从而保证炼苗驯化过程正常进行。

七、作业及思考题

　　1. 试管苗的特点是什么？

　　2. 试管苗驯化中应注意哪些因素？

　　3. 统计试管苗自然光下闭口炼苗和直接打开瓶盖炼苗对试管苗移栽成活率的影响。

实验 15　试管苗移栽技术

一、实验目的

了解生根试管苗的特点；掌握生根试管苗出瓶移栽方法。

二、实验原理

将在组织培养中已生根的完整植株从培养瓶移栽到瓶外的移栽基质或室外土壤中，使小苗继续长大，形成发达的根系及健壮的容器苗或大田苗。试管苗经历了两个过程：异养阶段(供糖)过渡到自养阶段(试管内生根方式)；人工环境过渡到室外自然环境。

三、实验用具

温度计、湿度计、光强测定计、光照培养箱、炼苗室、移栽温室或大棚。移栽基质、移苗盘或移苗杯、打孔器、喷壶、不同透光率的遮阳网、保湿用塑料膜等。

四、实验材料

杨树组培生根苗或铁皮石斛组培苗。

五、实验方法及步骤

1. 炼苗后的小苗分级

小苗的苗高和根数是评估移栽的重要指标。通常将小苗高于 3 cm 以上，根长 1~2 cm 的苗适时移栽，苗高低于 2 cm，根长小于 1 cm 的苗要继续培养。

2. 基质选择和消毒

(1)苗盘消毒

用 0.1%~0.2% 的高锰酸钾溶液对苗盘进行喷雾消毒，24 h 后用水喷淋备用。

(2)基质选择和消毒

基质选用草炭、珍珠岩、蛭石和松树皮。对新烧出的蛭石和珍珠岩无须消毒，对已经用过的基质必须用 0.1%~0.2% 的高锰酸钾溶液消毒，等 24 h 后，再用自来水冲洗干净后备用。若对基质要求较严，在高锰酸钾溶液均匀喷于基质表面后，用塑料薄膜覆盖密封，暴晒 1 周左右即可揭膜移栽。松树皮基质需腐熟后才可使用。

3. 移栽苗盘准备

将消毒后的草炭、珍珠岩、蛭石分别按照以下顺序：①珍珠岩；②草炭：珍珠岩 = 1：1；③草炭：珍珠岩：蛭石 = 1：1：1 比例放在苗盘内，基质厚度约 4~6 cm；④松树皮浇透水后备用。

4. 试管苗移栽

洗去试管苗根部的培养基，尽量避免伤根，每个容器栽植 1 株杨树苗，若为铁皮石斛苗，需 3 株/丛栽植，如果是苗床则按 3 cm×5 cm 的株行距栽植在移栽基质上，用水喷淋透后放置在温室、大棚或塑料拱棚内保湿培养。

5. 移栽后管理

采用遮阳网控制光照强度，并逐渐增加自然光照强度。清早、傍晚和阴雨天时进行全光照，中午或光照过强时需遮阳控光，结合放风、喷水控制温室、大棚等设施内的温度和湿度。

6. 统计分析

移栽后 15~20 d，观察移栽后试管苗的成活率，统计不同基质、不同移栽方式的移栽成活率和移栽苗生长状态等。

六、注意事项

1. 基质疏松、通气性好，调控温湿度，才能保证小苗成活。

2. 夏天移栽必须搭遮阳网、下雨时注意防涝。平时加强保温、保湿。

3. 掌握移栽技术。移栽时应将小苗基部的培养基冲洗干净，切忌伤根和茎叶。根系长度在不超过 1 cm 时移栽效果好，携带琼脂少，容易将根部所带物质清洗干净，且伤根轻，移栽后根系容易固着于土壤基质并吸收营养。如果根系较长，可根据需要把根系修剪为 2~3 cm 后移栽。

4. 重视移栽后管理。移栽初期防止阳光直射，随后逐渐增加日照时间和强度，促进光合作用，提高自养能力。注意通风，减少霉菌污染，提高成活率。

5. 基质消毒方法。高锰酸钾基质消毒需注意以下几点：

①配制高锰酸钾溶液一定要用清洁水、流动水，绝不能用污水、死水、淘米水等。

②高锰酸钾在热水、沸水中易分解失效，故配制水一定是普通凉水，随配随用。

③称量要精准。浓度过低起不到氧化灭菌功能，浓度过高既造成浪费，又会灼烧幼苗，抑制生长。

④高锰酸钾水溶液只能单独使用，不能与任何农药、化肥等混用，否则会严重影响高锰酸钾的杀菌作用。

七、作业及思考题

1. 试管苗从试管等人工控制条件过渡到自然环境，经历了哪些变化？

2. 试管苗移栽的注意事项是什么？

3. 了解生产中常用的基质种类及其特点。

4. 高锰酸钾土壤消毒的注意事项有哪些？

实验 16　植物组织培养中的污染与控制

一、实验目的

了解植物组织培养过程中污染产生的原因及其预防措施；掌握从培养材料角度降低污染率的方法。

二、实验原理

植物组织培养过程中的污染是指培养基和培养材料滋生杂菌，它是组织培养中普遍存在的问题，往往引发组培苗成本的提高，并造成较大的经济损失。培养材料本身、培养基、接种器具以及接种环境、无菌操作的不规范等，均可以导致污染的发生。从培养材料而言，外植体的种类、取材的季节和部位、外植体的预处理方式、外植体的表面灭菌方式等，都与污染相关。一般来说，成年植株、生理状态较老的材料、有病虫害的材料、杂菌和内生菌多的材料、室外生长材料以及地下器官带菌较多；雨季微生物繁殖旺盛，此时取材带菌较多；生长不旺盛的外植体部位带菌较多。此外，外植体灭菌时，灭菌方法与灭菌剂的选择不当也会造成污染。因此，要从上述几个方面着手，预防和控制组织培养中的污染。

三、实验用具及药品

1. 实验用具

超净工作台、镊子、剪刀、高温消毒器、锥形瓶、培养瓶等。

2. 实验药品

无菌水、84 消毒液、70%乙醇。

四、实验材料

不同的外植体材料。

五、实验方法及步骤

1. 外植体取材

（1）不同种类、不同部位外植体污染状况

①实验材料　杨树茎段、杨树腋芽、马蹄莲小块茎、杜仲茎段、杜仲腋芽。

②基本培养基　MS+BA 0.5 mg/L+ NAA 0.1 mg/L+0.8%琼脂+3%蔗糖。

$$污染率 = \frac{已污染外植体数}{接种的外植体总数} \times 100\%$$

（2）不同生长环境的外植体污染状况

①实验材料　毛白杨茎段（温室栽培）、毛白杨茎段（室外生长）。

②基本培养基　MS+BA 1.0 mg/L+NAA 0.3 mg/L+0.8%琼脂+3%蔗糖。

$$污染率=\frac{已污染外植体数}{接种的外植体总数}\times100\%$$

（3）不同季节取材的外植体污染状况

①实验材料　桃的茎段（分别在 3 月、8 月取材），杨树腋芽（分别在早晨和午后取样）。

②基本培养基　MS+BA 0.5 mg/L+ NAA 0.1 mg/L。

$$污染率=\frac{已污染外植体数}{接种的外植体总数}\times100\%$$

（4）不同预处理方法对外植体污染的影响

①实验材料　马蹄莲小块茎，用不同温度（25 ℃、35 ℃、45 ℃）水浴处理材料 1 h，取出晾干过夜后表面灭菌接种。同时接种不做预处理的材料作为对照。

②基本培养基　MS+BA 3.0 mg/L+ NAA 0.04 mg/L+0.8%琼脂+3%蔗糖。

$$污染率=\frac{已污染外植体数}{接种的外植体总数}\times100\%$$

2. 外植体接种

按照实验 8 中的"外植体接种"，进行外植体接种的准备、外植体的灭菌和接种，每一处理接种 30 个外植体。

3. 观察分析

将接种材料置于培养室进行培养，观察生长、污染情况，计算污染率。

$$污染率=\frac{已污染外植体数}{接种的外植体总数}\times100\%$$

六、作业及思考题

1. 接种后调查污染及外植体生长情况并作记录，计算污染率。

2. 根据实验结果，总结在组织培养过程中可有效预防污染的方法和措施。

实验 17　植物组织培养中的玻璃化发生与克服

一、实验目的

了解植物组织培养过程中发生玻璃化现象的原因；掌握预防和控制组培苗玻璃化的方法。

二、实验原理

当植物材料不断地进行离体繁殖时，有些培养物的嫩茎、叶片往往会呈半透明的水渍状，这种现象通常称为玻璃化。玻璃化常常会使组培苗生长缓慢、繁殖系数下降。此外，玻璃化的嫩茎不宜诱导生根，玻璃化严重影响了组培苗的质量，需要对玻璃化现象加以控制。玻璃化是在芽分化启动后的生长过程中，碳、氮和水分代谢发生生理性异常所引发的，其实质是植物细胞分裂与体积增大的速度超过了干物质合成和积累的速度，植物只能用水充胀增大的体积而导致的。

外植体材料基因型种类和生长状态、生长调节物质、湿度、温度、光照时间、培养基种类以及继代次数等因素都可以导致组培苗的玻璃化现象。添加生长调节剂浓度过高，如细胞分裂素浓度过高或细胞分裂素与生长素相对含量高，易引起玻璃化现象；培养温度过高，光照时间和强度不足及培养容器中空气湿度过高、透气性较差，易造成组培苗含水量高从而发生玻璃化现象；培养基中碳氮比降低、琼脂浓度降低易于引起玻璃化现象；幼嫩的外植体如长时间消毒和清洗，易于产生水渍状，易发生玻璃化；继代次数增加后，组培苗内积累过量的细胞分裂素，玻璃化程度升高。因此，要从上述几个方面着手，进行玻璃化的预防和控制。

三、实验用具

超净工作台、镊子、剪刀、高温消毒器、锥形瓶、培养瓶等。

四、实验材料

草莓、毛白杨茎段。

五、实验方法及步骤

1. 玻璃化影响因素的设计

(1) 生长调节剂 BA 浓度对玻璃化的影响

基本培养基：MS+0.8%琼脂+3%蔗糖。

BA 浓度：0.5 mg/L、1.5 mg/L、2.5 mg/L、3.5 mg/L。

（2）琼脂浓度对玻璃化的影响

基本培养基：MS+BA 2.0 mg/L+3%蔗糖。

琼脂：0.6%、0.8%、1.0%、1.2%。

（3）蔗糖浓度对玻璃化的影响

基本培养基：MS+BA 2.0 mg/L+0.8%琼脂。

蔗糖：2%、3%、4%、5%。

（4）光照和温度对玻璃化的影响

基本培养基：MS+BA 2.0 mg/L+0.8%琼脂+3%蔗糖。

培养条件：1000～2000 Lux + 22 ℃、1000～2000 Lux + 30 ℃、5000 Lux + 22 ℃、5000 Lux + 30 ℃。

2. 实验外观

按照实验方法及步骤 1 中所述配制处理培养基，接种茎段，每一处理接种 30 个茎段。只要组培苗上能看到玻璃化苗症状者，就统计为玻璃化苗。

3. 统计分析

在相同处理培养基上连续继代两次，统计玻璃化发生比率。组培苗玻璃化发生率公式：

$$玻璃化苗发生率 = \frac{玻璃化苗数量}{接种组培苗总数} \times 100\%$$

六、作业及思考题

1. 接种后调查试管苗玻璃化状况，并作记录。

2. 根据实验结果，总结在组织培养过程中，有效预防试管苗玻璃化现象的方法和措施。

实验 18 植物组织培养中的褐化与克服

一、实验目的

了解植物组织培养过程中褐化的原因；掌握预防与控制组培苗褐化的方法。

二、实验原理

植物组织培养中的褐化是指在接种后，植物材料表面开始变褐，有时甚至整个培养基出现变褐的现象。它的出现是由于植物组织中的多酚氧化酶被激活，而使细胞的代谢发生变化所致。在褐变过程中，会产生醌类，其多呈棕褐色，当扩散到培养基后，就会抑制其他酶的活性，从而影响所接种外植体的培养。

外植体的种类、外植体自身的生理状态、培养基的成分、培养条件等均会导致组培苗的褐化。多酚氧化酶活性较高的品种、老熟的组织、培养基中浓度过高的无机盐、过高的光强、温度以及过长的培养时间等，均可以使褐化现象加重。因此，要从上述几方面着手，进行褐化的预防和控制。使用抗氧化剂，如抗坏血酸、硫代硫酸钠、谷胱甘肽、半胱氨酸等可以有效避免或者减轻外植体的褐化现象。使用吸附剂(如活性炭)，可吸附培养基中的酚、醌等有害物质，能减轻褐化现象。连续继代转接，即对容易褐变的材料间隔培养12~24 h后，再转移到新培养基，经过连续处理7~10 d后，褐变现象会减轻。

三、实验用具

超净工作台、镊子、剪刀、高温消毒器、锥形瓶、培养瓶等。

四、实验材料

核桃、银杏茎段。

五、实验方法及步骤

1. 褐化影响因素的设计

(1)生长调节物质对于褐化的影响

基本培养基：MS+0.8%琼脂+3%蔗糖。

生长调节物质组合一：BA 0.5 mg/L+NAA 0.1 mg/L。

生长调节物质组合二：BA 0.5 mg/L+2,4-D 1 mg/L。

(2)抗氧化剂对褐化的影响

基本培养基：MS+BA 0.5 mg/L+NAA 0.1mg/L+0.8%琼脂+3%蔗糖。

抗坏血酸浓度：0 mg/L、50 mg/L、100 mg/L、200 mg/L。

（3）吸附剂对褐化的影响

基本培养基：MS+BA 0.5 mg/L+NAA 0.1 mg/L+0.8%琼脂+3%蔗糖。

活性炭浓度：0 mg/L、0.5 mg/L、1 mg/L、2 mg/L。

（4）光照和温度对褐化的影响

基本培养基：MS+ BA 0.5 mg/L+ NAA 0.1 mg/L+0.8%琼脂+3%蔗糖。

培养条件：1000～2000 Lux + 22 ℃、1000～2000 Lux + 30 ℃、5000 Lux + 22 ℃、5000 Lux + 30 ℃。

（5）连续继代转接对褐化的影响

将褐化材料区分为两组：一组转移至新培养基后置于培养室进行培养；另一组转移到新培养基中培养 24 h，再次转移到新培养基中进行，以此循环连续 10 d。

2. 接种实验

按照实验 1 中所述配制处理培养基，接种茎段，每一处理接种 30 个茎段。

3. 观察分析

观察材料生长状况，统计褐化发生比率。

六、作业及思考题

1. 接种后调查试管苗褐化状况，并作记录。

2. 根据实验结果，总结在组织培养过程中，有效克服褐化现象的方法和措施。

实验 19　植物愈伤组织的诱导和培养

一、实验目的

了解并掌握利用培养基诱导外植体产生愈伤组织的方法，以及培养措施和方法。

二、实验原理

植物茎尖或叶片等器官在受伤产生微伤口后，植株机体通常会自发愈合产生一种薄壁细胞，略呈胶状，称为愈伤组织。植物营养器官被切割受到创伤后，若接种至含植物生长调节剂(如 2,4-D、NAA)的培养基，则伤口处会诱导出愈伤组织。利用专用的愈伤组织诱导培养基，可诱导伤口分化产生较多的高质量的愈伤组织。诱导的愈伤组织可用来进行器官发生、原生质体分离、体细胞胚胎发生、次生物质生产、转基因表达等研究。

三、实验用具及药品

1. 实验用具

超净工作台、镊子、剪刀、培养皿、烧杯、移液管、高温消毒器、封口膜、线绳、棉球等。

2. 实验药品

愈伤组织诱导培养基：MS+2,4-D 2.0 mg/L+KT 0.5 mg/L+0.7%琼脂+3%蔗糖，pH值 5.8。

四、实验材料

杨树无性系、红叶石楠。

五、实验方法及步骤

1. 实验前期准备

剪取杨树和红叶石楠外植体材料的老茎段、嫩茎段、嫩叶柄和嫩叶，按照外植体表面灭菌技术进行操作，获得无菌茎段和叶片，备用。

2. 愈伤组织诱导

(1)老茎段

将杨树和红叶石楠老茎段去皮及两头，取韧皮部切成 0.2 cm×0.5 cm 的小块接种，接入灭过菌的培养基中，每瓶接种 3~4 块，接 5~10 瓶。

(2)嫩茎段

嫩茎段不用去皮，直接切成 0.5~1.0 cm 的小段，每瓶接种 3~4 小段，接 5~10 瓶。

（3）嫩叶柄

将嫩叶柄直接切成 0.3~1.0 cm 的小段，每瓶接种 3~4 段，接 5~10 瓶。

（4）嫩叶

将嫩叶直接切成 0.5 cm × 0.5 cm 的小块，每瓶接种 3~4 块，接 5~10 瓶。

3. 愈伤组织培养

将上述不同材料的培养基封口包扎并标注材料、日期、姓名等，置培养室中在 25 ℃±2 ℃黑暗条件下培养。通常在 7~15 d 后可观察到愈伤组织，愈伤组织出现时间不同的主要原因是由材料之间的差异引起。

4. 愈伤组织继代培养

将上述培养 30 d 左右的愈伤组织转接到新鲜的 MS+2,4-D 2.0 mg/L+KT 0.5 mg/L+0.7%琼脂+3%蔗糖，pH 值 5.8 的培养基中进行培养；由于愈伤组织的增殖，原来的一瓶可以转接若干瓶。

六、作业及思考题

1. 观察培养条件、愈伤组织形成、污染等，并记录（表 19-1）。

表 19-1　愈伤组织观察记录表

外植体名称	接种日期	观察日期	接种材料数	污染材料数	污染率/%	愈伤组织数	愈伤形成率/%	愈伤生长情况

2. 诱导愈伤组织的难易与哪些因素有关？

3. 高质量的愈伤组织有什么特点？

实验 20　不同外植体材料愈伤组织诱导的配对法设计

一、实验目的

在了解并掌握诱导外植体产生愈伤组织的原理和方法的基础上，通过配对法试验设计，进一步认识和理解不同器官诱导愈伤组织的差异性。

二、实验原理

愈伤组织培养作为一种最常用的培养形式，除茎尖分生组织培养和部分器官培养以外，其他培养形式最终都要通过形成愈伤组织才能产生再生植株。而且，愈伤组织还可用来进行器官发生、原生质体分离、体细胞胚胎发生、次生物质生产、转基因表达等研究，因此，愈伤组织培养非常重要。实践证明，愈伤组织培养不仅是植物快繁的新手段，同时也是植物改良、种质保存和有用化合物生产的理想途径。愈伤组织的诱导因植物种类、器官来源及其生理状况的不同而差异显著；同种植物的不同器官之间诱导愈伤组织也有一定差异。

配对法试验设计具有局部控制好，准确性高、误差小，节省材料、效率高、分析简便易行等优点，特别适用于精度要求高的小规模单因子实验。

三、实验用具及药品

1. 实验用具

超净工作台、镊子、剪刀、无菌培养皿、移液管、高温消毒器、封口膜、线绳等。

2. 实验药品

愈伤组织诱导培养基等。

四、实验材料

杨树、刺槐、枣树、红叶石楠等生长旺盛的已有组培苗。

五、实验方法及步骤

1. 试验设计

选择生长健壮的无菌组培苗，取茎、叶作为接种材料，对比二者诱导愈伤组培效果的差异性。将来自同一株组培苗的一个叶片和一小段茎段作为"一对"，经处理后接种于分装好愈伤组织诱导培养基的同一培养皿内，进行愈伤组织诱导培养。共接种 20 皿，即为配对法的 20"对"，即试验的 20 次重复。培养皿上标记编号并记录信息。

2. 实验处理

（1）茎段

取 2 cm 左右茎段，用剪刀剪出 1 个小伤口，将茎段横置接种于准备好的愈伤组织诱导培养基表面上进行培养。

（2）叶

不同树种的叶片大小差异较大，杨树等树种叶片较大，需将叶片剪成 2~3 cm² 的叶块；刺槐、枣树等小叶片沿着与主脉垂直方向剪出 2~3 个伤口，注意应将主脉剪断。处理好的叶片背面向上接种至准备好的愈伤组织诱导培养基表面上进行培养。并标注接种日期、材料和姓名等信息。

3. 培养措施

将培养皿遮光后进行暗培养。

六、作业及思考题

1. 在培养 7 d 后，每隔 5 d 观察记录各个培养皿内茎段和叶片愈伤组织的数量、颜色、质地等，分析差异并填写表 20-1。

表 20-1　愈伤组织诱导的配对法设计记录表

编号	外植体类型	观测时间：			观测时间：			观测时间：		
		愈伤组织数量	愈伤组织颜色	愈伤组织质地	愈伤组织数量	愈伤组织颜色	愈伤组织质地	愈伤组织数量	愈伤组织颜色	愈伤组织质地
1	茎段									
	叶片									
2	茎段									
	叶片									
3	茎段									
	叶片									
…										
…										
20	茎段									
	叶片									

2. 在培养 28 d 后，分别称量各个培养皿内由茎段(J)和叶片(Y)产生的愈伤组织质量（mg），计算二者差值作为统计数据，利用 t 检验进行统计分析。得出并记录不同外植体产生愈伤组织数量的差异性(表 20-2)。

表 20-2　愈伤组织诱导的配对法设计差异性分析表

编号	1	2	3	4	5	6	7	8	9	10	11	12	13	14	15	16	17	18	19	20
J																				
Y																					
J-Y																					

实验 21　植物愈伤组织的悬浮培养

一、实验目的

学习并掌握植物愈伤组织的细胞悬浮培养的方法。

二、实验原理

细胞悬浮培养是在愈伤组织培养的基础上发展起来的培养技术。将疏松型的愈伤组织悬浮培养在液体培养基中，振荡培养一段时间后形成分散的悬浮培养细胞或细胞团。细胞悬浮培养技术为研究植物细胞的生理、生化、遗传和分化的机理提供实验材料，也为利用植物细胞进行次生代谢产物的工业化生产提供技术基础。将植物愈伤组织均匀分散在液体培养基中，置摇床上进行振荡培养，可促使细胞较快分裂。悬浮培养具有以下特点：

①能提供大量的植物细胞，也就是同步分裂的细胞；

②细胞增殖速度较快，适应于大规模工业现代化生产；

③需要特殊的设备，如大型摇床、转床、连续培养装置、倒置式显微镜等。

三、实验用具及药品

1. 实验用具

超净工作台、镊子、摇床、显微镜。

2. 实验药品

悬浮细胞培养基(液体培养基)。

四、实验材料

杨树和胡萝卜愈伤组织。

五、实验方法及步骤

1. 悬浮细胞培养基接种

将上次实验培养出的生长旺盛的松软愈伤组织从培养瓶中取出，用镊子将其置于盛有悬浮细胞培养基的三角瓶内壁上，轻轻压碎，注意要完全，越细越好。然后轻摇三角瓶，使愈伤组织尽量均匀分布在培养液中，尽量不要出现沉淀。每瓶含有液体培养基 15 mL 左右，每瓶接种 1.0~1.5 g 愈伤组织，保证达到悬浮培养的最低起始密度。

2. 计算起始密度值

对液体培养基中的细胞密度要进行计数统计，用血球计数板进行单位体积液体的细胞个数计算，得到起始密度值。

3. 悬浮振荡培养

扎紧三角瓶瓶口，在室温条件下将悬浮液在转速为 80 r/min 的旋转式摇床上进行悬浮振荡培养。

4. 后期培养

经过 1 周时间的振荡培养后，若看到培养基中细胞数量明显增多，或用血球计数板检测细胞密度比起始密度大幅提高，可以往培养瓶中添加 15 mL 液体培养基继续悬浮培养；也可以将增殖培养的悬浮液分别接种到多个含有新鲜液体培养基的培养瓶中进行振荡培养。

5. 继代培养

按照上述方法反复进行继代培养，培养液中会有分散的单个细胞和小的细胞团出现，可以用无菌的尼龙网或金属网过滤，除去较大的细胞团，再继续继代培养或用于下一步的其他实验。

六、作业及思考题

1. 记录接种完毕的培养液中细胞数量。
2. 在摇床上培养一段时间后，观察愈伤组织细胞增殖情况。
3. 简述悬浮培养有何特点？

实验 22 悬浮细胞继代培养及细胞平板培养

一、实验目的

学习并掌握倒制平板培养基及悬浮继代培养的操作技术。

二、实验原理

悬浮培养法是指将游离的植物细胞按照一定的细胞密度，悬浮在液体中进行培养的一种方式。而平板培养法是将制备好的单细胞悬浮液，按照一定的细胞密度，接种在 1 mm 厚的薄层固体培养基上进行培养。在植物组织培养中常用此法进行细胞的培养。

三、实验用具及药品

1. 实验用具

灭菌的培养皿、镊子、超净工作台、Parafilm 封口膜等。

2. 实验药品

MS 培养基母液、BA 溶液、NAA 溶液、蔗糖、琼脂。

四、实验材料

杨树悬浮细胞液。

五、实验方法及步骤

1. 培养基配制

(1)悬浮继代培养基

MS+BA 0.2 mg/L+3%蔗糖(液体培养基)。

(2)细胞平板培养基

MS+BA 0.4 mg/L+NAA 0.1 mg/L+0.7%琼脂+3%蔗糖。

2. 接种

(1)悬浮继代培养

吸取上次实验配制的悬浮液 1 mL 置新配制的液体培养基中继代培养。

(2)细胞平板培养法

待平板培养基灭菌完毕，可采用以下多种方法进行培养：

①将 1 mL 悬浮液与适量已稍凉、但尚未凝固的培养基混合均匀后倒入培养皿中，进行平板培养。

②先将适量培养基倒平板，待凝固后将 1 mL 悬浮液平铺其上，进行培养。

③先将 1 mL 悬浮液放入培养皿中，将稍凉但未凝固的培养基平铺其上，进行培养。

3. 培养

将悬浮液在转速为 60 r/min 的摇床上进行悬浮振荡培养，固体平板培养放于黑暗或弱光下培养。

六、注意事项

倒平板过程中防止污染、培养基过热。倒平板后，用 Parafilm 膜将培养皿封好，防污染、防失水。

七、作业及思考题

1. 培养几天后，观察不同方法倒平板的培养效果，并作记录。
2. 简述细胞平板培养的特点，与悬浮培养法相比较有何优点？

实验 23　显微镜直接计数法

一、实验目的

学习显微镜计数的原理，掌握使用血球计数板进行植物悬浮细胞计数的方法。

二、实验原理

显微镜直接计数法适用于各种含单细胞菌体的纯培养悬浮液，如有杂菌或杂质，常不易分辨。菌体较大的酵母菌或霉菌孢子可采用血球计数板（也叫血细胞计数板），一般细菌则采用彼得罗夫·霍泽（Petrotf Hausser）细菌计数板。两种计数板的原理和部件相同，只是细菌计数板较薄，可以使用油镜观察；而血球计数板较厚，不能使用油镜，计数板下部的细菌不易看清楚。利用血球计数板在显微镜下直接计数，其优点是直观、快速。将经过适当稀释的细胞悬浮液放在血球计数板载玻片与盖玻片之间的计数室中，在显微镜下进行计数。由于计数室的容积是一定的（0.1 mm³），所以可以根据在显微镜下观察到的细胞数目换算单位体积内的细胞总数。

血球计数板，通常是一块特制的载玻片，其上由 4 条槽构成 3 个平台（图 23-1）。中间的平台较宽，其又被一短横槽隔成两半，每一边的平台上各刻有 1 个方格网，每个方格网共分 9 个大方格，中间的大方格即为计数室，组织或细胞的计数在此计数室中进行。计数室的刻度一般有两种规格：一种是 1 个大方格分成 16 个中方格，而每个中方格又分成 25 个小方格；另一种是 1 个大方格分成 25 个中方格，而每个中方格又分成 16 个小方格。但无论哪种规格的计数板，每个大方格中的小方格数是相同的，即 16×25 = 400 小方格，记数板的槽深度为 0.1 mm。在计数时，计数区边长为 1 mm，则计数区的面积为 1 mm²，盖上盖玻片后，计数区的高度为 0.1 mm，每个计数区的体积为 0.1 mm³。在使用血球计数板计数时，先要测定每个小方格中微生物的数量，再换算成每毫升菌液（或每克样品）中微生物细胞的数量。计数时，如使用规格为 16×25 型的血球计数板，则在计数室内选 4 个中方格（左上、右上、左下、右下 4 个角）中的菌体进行计数，若使用规格为 25×16 型的血球计数板，则在计数室内选 5 个中方格（4 个角和中央）中的菌体进行计数。对于位于格线上的菌体，一般只统计两条格线

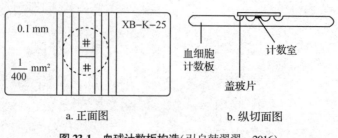

a. 正面图　　　　　　　b. 纵切面图

图 23-1　血球计数板构造（引自韩翠翠，2016）

上的菌体，按照"数上不数下，数左不数右"的原则计数。通常计数 5 个中方格的总细胞数，然后求得每个中方格的平均值，再乘上 16 或 25，就得出 1 个大方格的总细胞数，然后再换算 1 mL 细胞悬浮液中的总细胞数。

【例 23-1】　以 1 个大方格有 25 个中方格的计数板为例进行计算：设 5 个中方格中总细胞数为 A，细胞悬浮液稀释倍数为 B，那么，1 个大方格中的总细胞数（即 0.1 mm^3 中的总细胞数）为 $A/5 \times 25 \times B$。

因 1 mL = 1 cm^3 = 1000 mm^3，

故 1 mL 悬浮液中的总细胞数为：

$$A/5 \times 25 \times B \times 10 \times 1000 = 50\ 000AB（个）$$

同理，如果是 16 个中方格的计数板，设 5 个中方格的总细胞数为 A'，则 1 mL 悬浮液中总细胞数为：

$$A'/5 \times 16 \times 10 \times 1000 \times B' = 32\ 000\ A'B'（个）$$

具体的计数方法如下：

(1)在显微镜下检查计数板上的计数室是否干净，若沾有污物，须用醮有乙醇棉球轻轻擦，用蒸馏水冲洗，再用吸水纸吸干。

(2)将盖玻片盖在计数室的上面。将悬浮在培养基中的原生质体悬浮液滴在盖玻片一侧边缘，使它沿着盖玻片和计数板间的缝隙渗入计数室，直到充满计数室为止。

(3)计数时要使显微镜载物台保持水平。依次逐个计数中央大方格内 25 个中方格里的原生质体数，然后根据下式求出每毫升中的原生质体数。

(4)1 mL 悬浮液中的原生质体数为：

　　　　1 个大方格悬浮液(0.1 mm^3)中的原生质体数×10×1000

(5)血球计数板使用后，用自来水冲洗，切勿用硬物洗刷，洗后自行晾干或吹风机吹干，或用 95% 乙醇、无水乙醇、丙酮等有机溶剂脱水干燥。

三、实验用具及药品

1. 实验用具

显微镜、血球计数板、细胞计数器、盖玻片、无菌毛细管。

2. 实验药品

细胞悬浮液。

四、实验方法及步骤

1. 稀释

将细胞悬浮液进行适当稀释，若浓度不高则不必稀释。

2. 镜检计数室

在加样前，先对计数板的计数室进行镜检。若有污物，则须清洗后再用吸水纸轻轻吸取水分，干燥后才能进行计数。

3. 加样品

加样前，先将样液充分混合均匀。将清洁干燥的血球计数板盖上盖玻片，再用无菌的细口滴管将稀释的悬浮液沿盖玻片边缘滴一小滴(不宜过多),让悬浮液沿缝隙靠毛细渗透作用自行进入计数室,一般计数室均能充满悬浮液。注意不可有气泡产生。

4. 显微镜计数

静置5 min后,将血球计数板置于显微镜载物台上,先用低倍镜找到计数室所在位置,然后换成高倍镜进行计数。在计数前若发现悬浮液太浓或太稀,需重新调节稀释度再计数。一般样品稀释度要求每小格内有5~10个细胞为宜。每个计数室选5个中格(可选4个角和中央的中格)进行计数。位于格线上的细胞一般只数上方和左边线上的。计数一个样品要从两个计数室中计得的值计算样品的细胞数量。

5. 清洗血球计数板

使用完毕后,将血球计数板在水龙头上用水柱冲洗,切勿用硬物洗刷,洗完后自行晾干或吹风机吹干备用。

五、作业及思考题

1. 统计观察结果并记录于表23-1中。A表示5个中方格的总细胞数;B表示悬浮液稀释倍数。

表23-1　记录表

	中格的细胞数					A	B	悬浮液细胞数/ (个/mL)	二室 平均值
	1	2	3	4	5				
第一室									
第二室									

2. 根据实验中的体会,说明血球计数板计数的误差主要来自哪些方面?应如何尽量减少误差,力求准确?

实验 24　植物细胞生长量的测定(一)

一、实验目的

在植物愈伤组织和细胞悬浮培养中，随时监测细胞的增殖和细胞团的生长状态是非常必要的。通过测定培养细胞和细胞团的生长量，可以有效地筛选最适宜培养细胞增殖和生长的培养基化学组成、渗透压和酸碱度(pH)；可以监测培养细胞和悬浮细胞在整个培养世代中细胞数目增长情况和一个培养世代(培养周期)所需要的时间，从而确定继代培养和注入新鲜培养基的依据。

二、实验原理

植物细胞增殖的测定指标包括细胞计数、细胞体积、细胞重量、有丝分裂指数等。

1. 细胞计数

计算悬浮细胞数即细胞计数(cell number)，通常用血球计数板。

2. 细胞体积

细胞体积在一定范围内，反映可悬浮细胞数目的增殖状态。一般培养的细胞增殖速度越快，细胞体积(重量)越小。

3. 细胞重量

细胞重量测定分鲜重测定和干重测定二种。愈伤组织干鲜重和细胞数目有一定的关系，故愈伤组织干鲜重可以作为测定细胞数目的一种间接方法。

4. 有丝分裂指数

有丝分裂指数是指在一个细胞群体中，处于有丝分裂的细胞数占总细胞数的百分率。分裂指数越高，说明细胞分裂速度越快；相反则越慢。

三、实验用具及药品

1. 实验用具

离心机($2000 \times g$)、尼龙网、显微镜(带目镜和物镜测微尺)、刻度离心管、注射器、电子分析天平(感量 0.0001 g)、吸管、血球计数板、酒精灯(架)、恒温水浴、试管(10 mm×100 mm)、载玻片、超滤器、盖玻片、刀片等。

2. 实验药品

5%三氧化铬、8%三氧化铬、1 mol/L HCl、1%结晶紫水溶液、1%果胶酸、乳酰丙酸苔红素、65%甲酸、45%乙酸、封片胶及孚尔根染色系列药品等。

四、实验材料

植物愈伤组织、悬浮培养细胞。

五、实验方法及步骤

1. 培养细胞计数

（1）悬浮培养细胞计数

①吸取 1 滴细胞悬浮液滴至计数板上。

②将盖玻片由一边向另一边轻轻盖上，再用两只拇指紧压盖玻片两边，使盖玻片和计数板紧密结合，以防形成气泡。

③数分钟后，细胞沉降至载玻片表面，即可在显微镜下计数。

④每个样品计数 6 个重复，然后平均，最后计算单位体积中的细胞数量。

（2）愈伤组织细胞计数

愈伤组织鲜重和细胞数目有一定的关系，故愈伤组织鲜重可以作为测定细胞数目的一种间接方法。但是由于测量时得来回搬动，很容易造成污染，从而造成材料的损失。可以先将愈伤组织离析软化成单细胞，然后再进行统计。

①愈伤组织先用 1 mol/L HCl 在 60 ℃下水解预处理，需注意愈伤组织的取样时间，通常在细胞数目急速增加，每个细胞平均重量或体积急剧下降时，取样有较高准确性。

②加入 5% 三氧化铬，两倍于细胞体积的溶液。在 20 ℃下离析 16 h，也可通过增加三氧化铬浓度、提高温度来缩短离析时间。如用 8% 三氧化铬在 70 ℃条件下，离析 2~15 min。值得注意的是：由于愈伤组织细胞在取样时，处于不同生长周期，故离析时间有长、短之别，只有靠经验确定。三氧化铬浓度过高，处理时间过长，会导致细胞破裂，从而减少细胞数目。

③将离析软化的细胞，迅速冷却，然后强力振动 16 min，使其分散，然后用蒸馏水洗 3 次备用。

④用含有 0.03 mol/L 的 EDTA（乙二胺四乙酸二钠）、1% 结晶紫水溶液（pH10）对上述离析后的细胞进行染色 10 min。然后用蒸馏水仔细洗涤数次。

⑤将洗涤后的细胞放入装有 2 mL 蒸馏水的小试管中，用玻璃棒搅动，使细胞分散，形成悬浮液。

⑥用血球计数板计数每块愈伤组织的细胞数目，按以下公式计算：

$$每块愈伤组织的细胞数目 = \frac{离析液的总体积}{血球计数板上格子的总体积} \times \frac{计数板上所测细胞总数}{愈伤组织的块数}$$

采用自动计数器统计数目，为了便于识别，需用结晶紫将细胞染成紫色。

愈伤组织离析软化的方法有多种，除上述介绍的外，还可以用 0.1% 果胶酸（w/v），在 pH3.5、室温条件下处理 16 h，可使愈伤组织细胞得到很好的游离。再用 pH8.0 的 EDTA（乙二胺四乙酸二钠），在 40 ℃条件下，保温 2 h 来离析软化愈伤组织细胞。愈伤组织经过各种方法游离软化后，如若悬浮细胞密度太高，可以适当稀释。然后用吸管或注射器，吸出一定体积，在血球计数板上计数。

2. 培养细胞体积测定

（1）离心法测定

培养细胞体积的测量，最简便的方法是取 15 mL 悬浮培养细胞，放入刻度离心管中，

2000×g 离心 5 min。以每毫升培养液中细胞体积的毫升数表示。这种方法简便，但太过于粗放。

（2）显微测微尺法测定

采用显微测微尺直接测量细胞体积精确度较高。显微测微尺，分接物测微尺（或称镜台测微尺）和接目测微尺（或称目镜测微尺）。接物测微尺，是一块特制的载玻片。其中央有刻度，每格长度为 0.01～0.1 mm（本实验为 0.1 mm），用来校准并计算在某一物镜下，接目测微尺每小格的长度。接目测微尺是可放入目镜内的圆形玻片，其中央刻有 50 或 100 等份的小格。每小格长度随目镜、物镜的放大倍数而变动。操作步骤如下：

①放置接目测微尺　旋开接目透镜，将接目测微尺放在接目透镜的光栅上，注意刻度向下，然后将接目透镜插入镜筒。

②放置接物测微尺　将接物测微尺放在载物台上，然后调节焦距，使之通过目镜能看清接物测微尺的刻度，并清晰地辨认接物测微尺的刻度。

③校准接目测微尺的长度　在低倍显微镜下，移动镜台测微尺和转动接目测微尺，使两者刻度平行，并使两者间某段起、止线完全重复。计算两条重合线之间的格数，即可求出接目测微尺每格的相应长度。接目测微尺与接物测微尺，两者重合点的距离越长，所测得的数字越准确。用同样的方法分别测出高倍物镜和油镜下接目测微尺每格的相应长度。

④计算接目测微尺每格的长度　如测得某显微镜的接目测微尺 50 格相当于接物测微尺 7 格，则接目测微尺每格长度为：

$$\frac{7 \times 10 \ \mu m}{50} = 1.4 \ \mu m$$

⑤细胞体积测量　取下接物测微尺将悬浮细胞或原生质体或组织切片（染色涂片）放在载物台上，通过调焦使物像清晰后，转动接目测微尺（或移动载玻片），测量细胞的长与宽各占几格。将测量得到的格数乘以接目测微尺每格的长度，即可求得细胞体积。

六、注意事项

1. 载物台上接物测微尺刻度是用加拿大树胶和圆形盖玻片封合，当除去松柏油时，不宜使用过多的二甲苯，以避免盖玻片下的树胶溶解。

2. 取出接目测微尺，将目镜放回镜筒，用擦镜纸擦去接目测微尺上的油渍和手印。如用的是油镜应按油镜使用方法处理镜头。

七、作业及思考题

1. 植物细胞增殖有哪些测定指标？
2. 衡量细胞重量分为鲜重和干重两种测定方法，你认为哪种方法比较准确？

实验 25　植物细胞生长量的测定(二)

一、实验目的

掌握植物细胞悬浮培养中细胞生长的测定方法。

二、实验原理

在植物细胞悬浮培养和单细胞培养中，随时监测细胞的增殖和细胞团的生长状态是非常必要的，通过对培养细胞和细胞团生长的测定，可筛选最适于培养细胞增殖和生长的培养基化学组成、渗透压和酸碱度。监测培养组织和悬浮培养细胞在整个培养世代中，细胞数目的增长情况和一个培养世代所需要的时间，以确定继代培养和注入新鲜培养基的时间。

三、实验用具及药品

1. 实验用具

尼龙网、刻度离心管、注射器、吸管、血球计数板、酒精灯、试管、载玻片、盖玻片、刀片、培养皿、石蜡、滤纸、放大纸、台灯。

2. 实验仪器

离心机、显微镜、荧光显微镜、天平、恒温水浴锅、超滤器、高压灭菌锅。

3. 实验药品

5%三氧化铬、1 mol/L 盐酸、果胶酸、荧光素双醋酸酯(FDA)、洋红、甲基蓝、伊文思蓝、乳酰丙酸苔红素、甲酸、乙酸、中性胶、0.03 mol/L EDTA、1%结晶紫、蒸馏水。

四、实验材料

植物愈伤组织、悬浮培养细胞。

五、实验方法及步骤

1. 培养细胞重量测定

(1)细胞鲜重直接测量法

①取出固体培养基的材料，洗去琼脂并用滤纸吸干水分，然后直接用电子分析天平称重。

②取出液体悬浮培养液培养的细胞，放入已知质量的尼龙网上过滤。过滤后用水冲洗，除去培养基，然后离心除去水分。称量后的质量减去尼龙网的质量，即为悬浮细胞鲜重。

(2)细胞干重测定

①将愈伤组织从琼脂培养基中取出，放入称量瓶于 60 ℃烘箱内烘 12~24 h(因材料大小、厚薄而定)取出，冷却后立即称量。

②悬浮培养细胞，经抽滤法去除培养基并收集在预先称好质量的过滤器上，再用水洗数次，用抽滤器抽干细胞表面水分，然后置于 60 ℃烘箱内烘 12~24 h 至恒重后(或冰冻干燥 24~48 h，因材料大小、厚薄而定)取出，冷却后立即称量。

2. 有丝分裂指数测定

(1)愈伤组织细胞有丝分裂指数测定(孚尔根染色法)

①先将愈伤组织用 1 mol/L HCl 在 60 ℃下水解后染色。

②在载玻片上，按常规作镜检，随机查 500 个细胞，统计处于有丝分裂各时期的细胞数目。

③根据调查有丝分裂各时期的细胞数目，计算出有丝分裂指数。

(2)悬浮培养细胞有丝分裂指数测定

①取一定体积的悬浮培养细胞，离心后将细胞吸于载玻片上。

②加 1 滴乳酰丙酸苔红素于细胞上。

③将载有细胞的载玻片在酒精灯上微热后，再盖上盖玻片，轻击盖玻片。

④一种做法是，将盖玻片轻轻揭下，用乙醇将盖玻片和载玻片上的细胞洗一下，然后将盖玻片安放在一片新的载玻片上。而原来的载玻片上，则盖上一片新的盖玻片，并用 Euparal 封固。另一种做法，也可以先将悬浮培养细胞用 65%甲酸固定 24 h(按 1∶1 的体积加入悬浮液和固定液)。固定后将悬浮细胞离心后吸于载玻片上，加 1 滴乳酰丙酸苔红素，微热，加盖盖玻片后放 10~15 min，再制片。制片过程除细胞放于 45%乙酸以及制片用中性树胶(加拿大树胶)封固外，其他的步骤同上(此种制片可放置 2 周，以作观察用)。

由上述方法得到的制片，用油镜观察(约 1250 倍)，检查 1000 个细胞，随后计算出分裂指数。

3. 植板率测定

用平板法培养单细胞或原生质体时，细胞的增殖状况常以植板率来表示，即能长出细胞团的细胞数目占接种细胞总数的百分数。每个平板上接种的细胞数目，可根据铺板时，加入细胞培养液的毫升数和每 1 mL 培养液中含有细胞数目来计算，即两者的乘积即为每平板上的细胞总数。操作步骤如下。

(1)制备细胞悬浮液

制备胡萝卜悬浮培养物，经尼龙网过滤，获得适于平板培养的细胞悬浮液。

(2)调节密度

利用血球计数板调节悬浮细胞密度为 $5×10^5$ 个/mL。

(3)培养基的制备

为了提高植板率，一般选用条件培养基。首先，配制悬浮细胞培养基，接种愈伤组织(或接种悬浮细胞)后进行一段时间的培养，然后，离心取其上清液即为最简单的条件培养基。制作平板培养用的固体条件培养基时，可取上清液 1 份，与含相同糖浓度和 1.4%琼脂的灭菌培养基 1 份，在后者经高温湿热灭菌尚未完全冷却时充分混合，冷却到 30~

35 ℃备用。

(4) 平板培养的制作

将 1 份已调制好细胞密度的单细胞悬浮液与 4 份 35 ℃ 的固体条件培养基充分混合均匀，倒入无菌培养皿，使培养基的厚度在 5 mm 左右。盖上培养皿用熔化的石蜡密封。将进行平板培养的培养皿放入一个垫有湿滤纸的大培养皿。

(5) 细胞团肉眼可见时计数

在暗室的红光下将一张印相纸或放大纸置于培养皿的下方，在培养皿的上方置一光源，打开光源使培养皿中细胞团印到印相纸或放大纸上，将照片冲洗出来，细胞团在照相纸上呈白色，周围培养基呈淡黑色。

六、注意事项

1. 愈伤组织细胞计数时，需注意愈伤组织的取样时间，通常是在细胞数目急速增加，每个细胞平均重量或体积急剧下降时取样。

2. 由于愈伤组织细胞在取样时，处于不同的生长周期，故离析时间有长短之分，通常需依靠经验确定。三氧化铬浓度过高，处理时间过长，会导致细胞分解，从而减少细胞数目。

七、作业及思考题

1. 统计在细胞生长过程中细胞的生长状况。

2. 培养细胞生长量的测定有什么意义？

3. 以自己的实验结果为例，简述结果对于细胞培养实验有什么借鉴意义？

实验 26 植物细胞活力的测定

一、实验目的

在细胞悬浮培养中，通过对培养细胞和细胞团活力进行测定，从而有效地了解细胞的生长和活力状态。在进行原生质体培养之前，通过测定原生质体的活性，了解所制备原生质体的质量。

二、实验原理

1. 荧光素二乙酸酯法

又叫荧光素双醋酸酯法，简称 FDA 法。FDA 本身无荧光，非极性，可以自由透过原生质膜进入细胞内部。进入细胞后由于受到活细胞中酯酶的水解，产生有荧光的极性物质——荧光素，该物质不能自由出入原生质膜。故在荧光显微镜下，可观察到具有荧光的细胞，表明该细胞是有活性的细胞；相反，不具有荧光的细胞是无活力的细胞。

2. 噻唑蓝法(MTT 法)

有活力的细胞(或原生质体)由于其细胞中的脱氢酶将淡黄色的 MTT 还原成蓝紫色的化合物甲臜(Formazane)，据此可测定细胞的活力。MTT 在水中具有较好的溶解性，而甲臜不溶于水，易溶于乙醇、异丙醇、二甲基亚砜(DMSO)等有机溶剂，通过多孔板分光光度计(酶标仪)依颜色深浅可测定出吸光度值。由于生成甲臜的量与反应的活细胞数量呈正比，因此，吸光度值的大小可以反映活细胞的数量和活性程度。

3. 氯代三苯基四氮唑还原法(TTC 法)

有活力的细胞(或原生质体)由于氧化还原酶的活性，将氯代三苯基四氮唑(2, 3, 4-triphenyl tetrazolium chloride, TTC)还原成红色，据此可测定细胞的活力。一般可在显微镜下观察视野中显红色的细胞数目，计算活细胞的百分率。还可以用乙酸乙酯提取红色物质，用分光光度计在 520 nm 测定吸光度值，计算细胞的相对活力。

4. 染色法

有活力的细胞(或原生质体)具有选择性吸收外界物质的特性。当用染色剂处理时，活细胞拒绝染色剂的进入，因此染不上颜色；死细胞可吸附大量染色剂而染上颜色。统计未染上颜色的细胞数目，就可计算出它的活力。

三、实验用具及药品

1. 实验用具

离心机(2000×g)、尼龙网、显微镜(带目镜和物镜测微尺)、刻度离心管、荧光显微镜、注射器、电子分析天平(感量 0.0001 g)、吸管、血球计数板、酒精灯(架)、恒温水浴、试管(10 mm×100 mm)、载玻片、超滤器、盖玻片、刀片等。

2. 实验药品

0.02%荧光素二乙酸酸酯（FDA）溶液、0.001%氯代三苯基四氮唑（TCC）溶液、洋红（0.005%~0.01%）、甲基蓝（0.005%~0.01%）、伊文思蓝（0.005%~0.01%）等。

四、实验材料

植物悬浮培养细胞、植物原生质体。

五、实验方法及步骤

1. 荧光素二乙酸酯法（FDA 法）

（1）吸取 0.5 mL 已制备好的细胞（或原生质体）悬浮液放入 10 mm×100 mm 小试管中，加入 0.5 mL 0.02%FDA 溶液，使 FDA 最后的滴定浓度达 0.01%。混匀并在常温下作用 5 min。

（2）荧光显微镜观察，激发滤光片为 QB_{24}，压制滤光片为 TB，经观察发出绿色荧光的细胞为有活力的细胞，不产生荧光的细胞为无活力的死细胞。

（3）细胞活力统计采用有活力的细胞数占总观察细胞数的百分数来表示。

$$细胞活力 = \frac{有活力细胞数目}{观察细胞总数目} \times 100\%$$

2. 噻唑蓝法（MTT 法）

（1）材料准备。制备悬浮（单）细胞悬液（或者制备原生质体悬液）。

（2）配制 MTT 溶液。MTT 用 pH7.2、0.2 mol/L 磷酸缓冲液（PBS）配制成 0.5 mg/mL 的溶液。

（3）取 0.5 mL 的细胞（或原生质体）悬液于试管中，然后加入 0.5 mLMTT 溶液，常温下作用 10 min。

（4）将细胞悬浮液放在显微镜下观察，统计显蓝紫色的细胞数目，按以下公式计算细胞活力。

$$细胞活力 = \frac{显蓝紫色的细胞数目}{观察细胞总数目} \times 100\%$$

3. 氯代三苯基四氮唑还原法（TTC 法）

（1）材料准备。制备悬浮（单）细胞悬液（或者制备原生质体悬液）。

（2）配制 TTC 溶液。用蒸馏水将 TTC 配制成 0.001%的溶液。

（3）取 0.5 mL 的细胞（或原生质体）悬液于试管中，然后加入 0.5 mL 的 TTC 常温下作用 5 min。

（4）将细胞悬浮液放在显微镜下观察，统计显红色的细胞数目，可按以下公式计算细胞活力。

$$细胞活力 = \frac{显红色的细胞数目}{观察细胞总数目} \times 100\%$$

4. 染色法

（1）材料准备。制备悬浮（单）细胞悬液（或者制备原生质体悬液）。

（2）配制染色剂。如洋红、甲基蓝、伊文思蓝（evans blue）等，择其一配制浓度为 0.005% ~ 0.01%。

（3）将染色剂滴加在材料上染色，数分钟后，即可观察统计。注意染色时间不可过长，否则有活力的细胞也会染上颜色，从而影响统计的准确性。

（4）统计未染色细胞，可按下列公式计算细胞活力。

$$细胞活力 = \frac{未染色的细胞数目}{观察细胞总数目} \times 100\%$$

六、注意事项

1. 在 FDA 法中，含叶绿素的细胞由于受叶绿素的干扰，有活力的细胞可发出黄绿色荧光而不是绿色荧光；无活力的细胞，则发出红色荧光。

2. 在染色法中，染色时间不可过长，否则有活力的细胞也会染上一些颜色，从而会影响统计的准确性。

3. 细胞或原生质体活力的测定，可选择某一种方法；也可同时采用几种活力测定方法，然后对结果进行比较。

七、作业及思考题

1. 用于植物细胞（或原生质体）活力测定的方法有哪些？
2. 简述 TTC 法、FDA 法、MTT 法，以及染色法测定细胞活力的原理。

实验 27　细胞株系的筛选

一、实验目的

了解细胞株系的筛选在植物育种上的应用；掌握细胞株系筛选的操作技术。

二、实验原理

在植物细胞培养的过程中，在再生植株及后代中会出现各种变异。在这些变异中有些是不能遗传，而有些涉及细胞染色体水平的变异或基因突变，可稳定遗传。其中一些变异会涉及高产、高抗和高品质，或者引起次生代谢产物的变化，如某种氨基酸、酶类、萜类、天然色素类的合成能力增强。这些无性系变异为遗传变异机制研究提供了良好的实验基础，也为植物育种、医药工业和色素工业等提供了丰富的变异材料。

本实验以胚性悬浮细胞或愈伤组织悬浮液为实验材料，通过生理测定和表型观察确定低温致死温度，并以该温度进行胁迫处理，或通过其他理化法进行诱变，从中筛选耐低温或其他性状的细胞株系。

三、实验用具及药品

1. 实验用具

超净工作台、镊子、剪刀、高温消毒器、锥形瓶、罐头瓶、摇床等。

2. 实验药品

无菌水。

四、实验材料

植物胚性悬浮细胞系或愈伤组织悬浮液。

五、实验方法及步骤

1. 细胞培养

取植物(如菠萝、葡萄或杨树)胚性悬浮细胞系在不同低温条件($-1\ ℃$、$0\ ℃$、$1\ ℃$、$2\ ℃$、$3\ ℃$、$4\ ℃$)和低温持续时间(1 d、6 d、12 d、24 d、48 d、96 d)下进行培养。

2. 培养物测定

测定培养物(胚性悬浮细胞)的生理、生长发育及表型变化指标。例如，半致死温度、脯氨酸含量、丙二醛含量、可溶性蛋白含量、可诱性糖含量、MDA 含量、CAT 酶活、POD 酶活、SOD 酶活等。

3. 条件确定

确定细胞残存率及低温致死温度(可用 TTC 分析法)。以低温致死临界条件的低温对培养物进行胁迫处理(部分处理也可加入 EMS 化学诱变剂或进行射线诱变)。

4. 对照筛选

以未经低温处理的细胞株系为对照,检验低温处理或其他理化诱变对提高细胞耐低温的筛选影响,以期筛选出更耐低温的细胞株系。

六、作业及思考题

1. 简述细胞株系的筛选在实际生产中的应用。
2. 举例说明细胞株系筛选的具体操作步骤。

实验 28 细胞看护培养技术

一、实验目的

领会细胞看护培养的概念，了解细胞看护培养的用途，掌握看护培养的实验技术。

二、实验原理

细胞看护培养是用同种或异种材料的愈伤组织作为看护组织进行细胞培养的一种方法，就是用一块活跃生长的愈伤组织来看护单个细胞，二者之间通过滤纸相隔，并使单个细胞生长和增殖的方法。利用细胞看护培养可以诱导形成单细胞系。看护培养虽然繁琐，但原生质体细胞的分裂频率较高。细胞看护培养常应用在禾本科种、属以上杂交幼胚的培养（如小麦×大麦将杂交种幼胚在小麦胚乳组织上的哺育培养）。

三、实验用具及药品

1. 实验用具

超净工作台、镊子、剪刀、高温消毒器、培养皿等。

2. 实验药品

70%乙醇。

四、实验材料

已培养的植物愈伤组织及悬浮培养的单个植物细胞。

五、实验方法及步骤

1. 前期准备

在培养皿（60 mm×15 mm）中加入一定量的愈伤组织诱导培养基（MS+NAA 2.0 mg/L），灭菌后备用。

2. 接种愈伤组织

在无菌的条件下，先将一小块（1 cm^2）诱导 20~30 d 的活跃生长的植物（如马铃薯）愈伤组织，用无菌镊子和解剖刀轻轻分成直径为数毫米的小颗粒状，接种到愈伤组织诱导培养基上。

3. 放置滤纸

在愈伤组织块上放一片（1 cm^2）已灭菌的双层滤纸，滤纸孔径小于原生体的直径，以阻止下层细胞转移至上层，滤纸边缘要略高于培养基平面。然后放置 12 h。

4. 接种培养细胞

吸取分离出的需看护培养的单个细胞（如原生质体悬浮液），接种到培养基的滤纸上。悬浮液细胞浓度调整为 $1×10^2$ 个/mL，注意悬浮液液面不得高于滤纸边缘，避免下层的愈伤组织细胞与上层的原生质体悬浮液混杂。

5. 细胞培养

恒温黑暗培养至肉眼可见的小细胞团。

六、作业及思考题

1. 细胞看护培养的概念是什么？
2. 木本植物组织培养中细胞看护培养的用途有哪些？

实验 29 细胞微室培养技术

一、实验目的

了解和掌握细胞微室培养的方法。

二、实验原理

细胞微室培养是为了进行单细胞活体连续观察而建立的一种微量细胞培养技术(图 29-1)。可用于单细胞的生长与分化、细胞分裂的全过程、胞质环流规律以及线粒体生长与分裂进行活体连续观察；也可对原生质体融合、细胞壁再生以及融合后的细胞分裂进行活体连续观察，因此，它是进行细胞工程研究的有用技术。

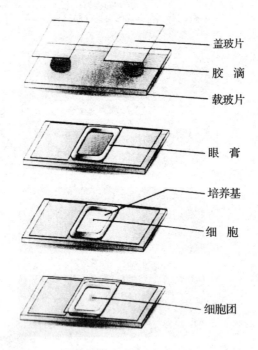

图 29-1 微室培养示意(引自龚一富，2011)

三、实验用具及药品

1. 实验用具

载玻片、盖玻片、酒精灯、移液管、吸耳球、毛细管、接种工具。

2. 实验仪器

超净工作台、相差显微镜。

3. 实验药品

培养基母液、2,4-D、水解酪蛋白（CH）、蔗糖、琼脂、HCl、NaOH、四环素眼膏。

四、实验材料

细胞悬浮液。

五、实验方法与步骤

1. 将洗净的盖玻片与载玻片在酒精灯火焰上灭菌，也可事先包好载玻片，经高温湿热灭菌。

2. 冷却后按盖玻片的大小在载玻片上涂一圈四环素眼膏。

3. 将制得的细胞悬浮液滴在载玻片上一小滴，在四环素眼膏上放一小段毛细管，盖上盖玻片。

4. 轻压到密封并使细胞悬浮液的小滴与盖玻片接触。

5. 将载玻片放入培养室中，在温度为 26~28 ℃ 条件下进行培养。

6. 利用相差显微镜进行观察。

六、作业及思考题

1. 观察细胞在微室中的生长状况。

2. 试从微室、培养基、所观察细胞 3 个方面考虑，细胞微室培养应注意哪些问题？

实验 30　植物细胞培养合成次生代谢产物的调节

一、实验目的

通过本实验学习和了解影响植物细胞培养合成次生代谢产物的因素和方法。

二、实验原理

植物细胞的生长常常受到各个因素的影响，进而影响其产生次生代谢物质的产量和质量。这些因素包括环境因素和营养因素。通过调节这些影响因素，使植物细胞处于最适的产生次生代谢物质的生长状态，有利于提高次生代谢产物的产量和质量。

植物细胞生产次生代谢产物的过程受到诸多因素的影响。为了提高次生代谢产物的产量，首先要选育或选择使用优良的植物细胞系，保证植物细胞培养的培养基和培养条件符合植物细胞生长和新陈代谢的要求，还可以通过次生代谢物的前体物质、添加某些诱导剂进行调节，也可以在基因水平、酶活性水平上进行调节。本实验验证培养基、不同 pH 值和不同外源激素浓度等因素对新疆紫草培养细胞中紫草宁衍生物合成的影响。

三、实验用具及药品

1. 实验用具

摇床、40 目筛。

2. 实验药品

改良 LS 培养基（生长培养基）、M-9 培养基（生产培养基）、激动素（KT）、生长素（IAA）、吲哚丁酸（IBA）、萘乙酸（NAA）、6-苄氨基腺嘌呤（6-BA）、2,4-二氯苯氧乙酸（2,4-D）。

四、实验材料

新疆紫草细胞系。

五、实验方法及步骤

配制含不同 pH 值、不同外源激素种类及浓度的培养基。

1. 配制不同 pH 值的生产培养基

基本培养基并附加 0.75 mg/L IAA 和 0.1 mg/L KT 的生产培养基，分别调节培养基的 pH 值为 3.0、3.5、4.0、4.5、5.0、5.5、6.0、6.5、7.0、7.5、8.0。

2. 配制不同外源激素组合的生产培养基

KT 分别为 0 mg/L、0.1 mg/L、0.5 mg/L、1.2 mg/L、2.0 mg/L；6-BA 分别为 0 mg/L、0.1 mg/L、0.5 mg/L、1.2 mg/L、2.0 mg/L；2,4-D 为 0.2 mg/L；NAA 为 0.2 mg/L；IAA 为

0.2 mg/L；IBA 为 0.2 mg/L。

3. 接种材料的准备

将生长旺盛的愈伤组织接入到附加有 IAA 0.2 mg/L + KT 0.5 mg/L 的生长培养基，培养 3 代(每代 14 d)后，即可作为接种材料。

4. 愈伤组织接种培养

接种量为鲜重 8 g/瓶，三角瓶(容量为 250 mL)盛 70 mL 生产培养基，25 ℃黑暗条件进行悬浮培养，摇床转速为 110 r/min，重复 3 次。

5. 细胞生物量及紫草宁衍生物含量测定

在生产培养基中培养 23 d 后，用 40 目筛过滤，收取鲜细胞，称鲜重。细胞在 60 ℃下烘干至恒重，碾碎后，称干重。采用甲醇提取色素，用分光光度法测定干细胞中紫草宁衍生物含量。

六、注意事项

影响植物细胞合成次生代谢产物的因素很多，如 pH 值、光照、温度、诱导子、前体、培养方法、培养基的组成、搅拌速度、溶氧量等，实验时采用某一调节因子，进行实验。

如果实验室没有新疆紫草细胞株，可以采用人参(对应代谢产物为人参皂苷)、丹参(对应代谢产物为丹参酮)、红豆杉(对应代谢产物为紫杉烷类化合物)细胞系进行次生代谢产物代谢调节实验。实验之前，必须建立对应次生代谢产物的含量测定方法。

七、作业及思考题

1. 影响植物次生代谢产物生物合成的因素有哪些？
2. 试对上述实验结果进行分析和讨论。

实验 31　原生质体的分离和培养

一、实验目的

了解原生质体分离和培养的基本原理及过程。

二、实验原理

植物原生质体是"除去细胞壁的植物细胞"，是开展基础研究的理想材料。其中酶解法分离原生质体是一个常用的技术，其原理是因为植物细胞壁主要由纤维素、半纤维素和果胶质组成，所以使用纤维素酶、半纤维素酶和果胶酶能降解细胞壁成分，除去细胞壁。

原生质体培养在应用研究和基础研究上具有重要意义。第一，与完整植物细胞相比，原生质体易于摄取外来的物质，如 DNA、染色体、病毒、细胞器、细菌，因此，可利用其作为理想的受体系统进行各种遗传操作，在植物遗传育种实践方面意义重大；第二，由于没有细胞壁，有利于进行体细胞诱导融合和单细胞培养；第三，可用于细胞表面的结构与功能的研究，细胞器结构与功能的研究，病毒侵染与复制机理的研究，以及细胞核与细胞质相互关系，植物生长物质的作用、植物代谢等生理问题的研究。

原生质体分离纯化或融合后，在适当的培养基上应用合适的培养方法，能够再生细胞壁，并启动细胞持续分裂，直至形成细胞团，长成愈伤组织或胚状体，再分化发育成苗。其中，选择合适的培养基及培养方法是原生质体培养中最基础也是最关键的环节。

三、实验用具及药品

1. 实验用具

三角瓶、离心管、烧杯、200 目滤网、解剖刀、长镊子、短镊子、培养皿、滤纸、0.2 μm 滤膜、滤器、培养瓶（以上用品要进行高温湿热灭菌）、血球计数板、移液器。

2. 实验仪器

台式离心机、高压灭菌锅、倒置显微镜、超净工作台、光照培养箱、震荡摇床等。

3. 实验药品

（1）酶解液：1% 纤维素酶、1% 果胶酶、0.7 mol/L 甘露醇、0.7 mol/L KH_2PO_4、10 mmol/L $CaCl_2 \cdot 2H_2O$，pH6.8~7.0。

（2）PEG 融合液：40%PEG（聚乙二醇）（MW1500~1600）、0.3 mol/L 葡萄糖、3.5 mol/L $CaCl_2 \cdot 2H_2O$、0.7 mol/L KH_2PO_4。

（3）13% CPW 洗液：27.2 mg/L KH_2PO_4、101.0 mg/L KNO_3、1480.0 mg/L $CaCl_2 \cdot 2H_2O$、246.0 mg/L $MgSO_4$、0.16 mg/L KI、0.025mg/L $CuSO_4$、13%甘露醇（w/v），pH6.0。

（4）20%蔗糖溶液。

四、实验材料

植物无菌苗叶片或愈伤组织。

五、实验方法与步骤

1. 取植物无菌苗叶片或子叶，切成薄片后，置于酶液中，25～28 ℃黑暗条件振荡（60～70 r/min）酶解 5～7 h。

2. 用 200 目网过滤除去未完全消化的残渣。

3. 1000 r/min 离心 5 min，弃上清液。

4. 加入 3～4 mL 13%CPW 洗液，1000 r/min 离心 2～5 min，弃上清液，留 1 mL 洗液。

5. 用滴管将混有原生质体的 1 mL 洗液吸出，轻轻铺于 20%蔗糖溶液上（5 mL 离心管装 3 mL 20%蔗糖溶液），1000 r/min 离心 5～10 min，由于密度梯度离心的作用，生命力强、状态好的原生质体漂浮在 20%的蔗糖与 13%CPW 之间，破碎的细胞残渣沉入管底。

6. 用 200 μL 移液器轻轻将状态好的原生质体吸出（不要吸入下层的蔗糖溶液），放入另一干净的离心管中。

7. 加 4 mL 13%CPW 洗液，1000 r/min 离心 2～5 min，弃上清液。

8. 用血球计数板调整原生质体密度为 $10^5 \sim 10^6$/mL。

9. 将原生质体悬液铺于愈伤组织诱导培养基（固体）上进行浅层培养，在温度 25 ℃±2 ℃、光照强度 1000 Lux、光照周期 14～16 h/d 条件下培养，经 1～2 个月后在培养基上出现肉眼可见的细胞团。细胞团生长到 2～4 mm，即可转移到分化培养基上，诱导分化芽和根，长成小植株。

六、作业及思考题

1. 如何分离植物原生质体？记录原生质体分离的过程及结果。

2. 试分析影响原生质体培养的因素有哪些？

3. 原生质体制备与培养过程中要注意哪些问题？常用的原生质体培养方法有哪些？

实验 32 聚乙二醇(PEG)方法诱导原生质体融合

一、实验目的

学习和掌握利用 PEG 方法诱导同种植物原生质体融合的方法。

二、实验原理

种间有性杂交不亲和大大限制了野生种有用基因向栽培作物的转移。通过原生质体或亚原生质体间的融合进行细胞杂交或细胞融合，是克服这种生殖隔离的一种重要途径。由于进行融合的原生质体来自体细胞，故该项技术也称体细胞杂交。原生质体融合能使有性杂交不亲和的植物种间进行广泛的遗传重组，因而在农业育种上具有巨大的潜力，也是植物遗传操作研究中关键技术之一。人工诱导原生质体融合可使用物理学方法，如运用细胞融合仪，在电场诱导下实现融合，然而至今广为使用的仍是 PEG 溶液引起原生质体的聚集和粘连，然后用高 pH 钙溶液处理的化学方法实现融合。

该方法应用相对分子质量为 1500~6000 的 PEG 溶液引起原生质体的聚集和粘连，然后用高 pH 的钙溶液稀释时，从而产生高频率的融合。融合的频率和效率常与所用 PEG 的相对分子质量、浓度、作用时间、原生质体的生理状态与密度以及操作者的细心程度有关。

三、实验用具及药品

1. 实验用具

各种接种工具、微孔滤膜过滤器、Parafilm 封口膜、400 目尼龙网。

2. 实验仪器

超净工作台、震荡摇床、灭菌锅、pH 计、光照培养箱、高压灭菌锅。

3. 实验药品

(1)试剂

MS 培养基各种母液、KT、NAA、2,4-D、MES(2-N-吗啉乙磺酸)、纤维素酶(Onozuka R-10)、果胶酶(Pectinase)、半纤维素酶(Hemicellulase)、离析酶(Macerozyme R-10)、$CaCl_2 \cdot 2H_2O$、$KH_2PO_4 \cdot H_2O$、KNO_3、$MgSO_4 \cdot 7H_2O$、$CuSO_4 \cdot 5H_2O$、KI、甘露醇、葡萄糖、蔗糖、琼脂、聚乙二醇、二甲基亚砜、70%乙醇、84 消毒液、KM 培养基。

(2)酶解液

2%纤维素酶(Cellulase Onzuka R-10)、1%半纤维素酶(Hemicellulase H-2125)、0.5%果胶酶(Pectinase)、0.5%离析酶(Macerozyme R-10)的 CPW-9M 液。均需过滤灭菌后使用。

(3)洗液

CPW 液+9%甘露醇。需过滤灭菌后使用。

四、实验材料

烟草种子。

五、实验方法及步骤

1. 实验材料

实验材料为普通烟草品种'自来红'和波缘烟草。种子在70%乙醇中浸泡30 s，无菌水冲洗一次后，用0.1%氯化汞消毒8 min，无菌水冲洗5次，培养于 MS 基本培养基上，于25 ℃条件培养烟草无菌苗。每28~35 d 将烟草丛生芽转接到 MS 培养基。切取普通烟草完全伸展叶片(约3 cm×5 cm)作为分离原生质体的材料。对于波缘烟草，以叶片外植体在MS+2,4-D 1.0 mg/L+NAA 2.0 mg/L+KT 0.5 mg/L 培养基上诱导的愈伤组织为分离原生质体的材料。

2. 原生质体分离

撕去下表皮，在无菌培养皿中，将普通烟草叶片切成小块(约0.5 cm×0.5 cm)与波缘烟草愈伤组织(各约1 g 鲜重)分别置于10 mL 酶解液(2%纤维素酶 R-10、1%半纤维素酶、0.5%果胶酶、0.5%离析酶 R-10 的 CPW-9M 液)中。在28 ℃条件处理3~4 h。叶片材料不时轻轻摇动，愈伤组织则在摇床上振荡(30 r/min)。酶解产物经400目尼龙网过滤后，100g 离心3 min，收集原生质体。然后用洗液(CPW 液+9%甘露醇)洗3次(100 g，离心1 min)。小心加入盛有 CPW-21S(含有21%蔗糖的 CPW 溶液，pH 值5~6)溶液的离心管，100 r/min 离心5 min，溶液分为3层，仔细将漂浮在溶液中部的原生质体取出，经洗涤液洗涤2次，离心，获得纯净的具有生理活性的原生质体。用洗涤液将原生质体密度调整到1×10^5~5×10^5 个细胞/mL，待用。

3. 原生质体融合

原生质体融合采用 PEG 和高 Ca^{2+}、高 pH 法。将双亲原生质体等量混合后，室温条件将2滴原生质体悬液滴在置于直径5 cm 培养皿中的15 mm×25 mm 盖玻片上。静置20 min 后从液滴边缘加入1滴溶液 A(含相对分子质量6000的 PEG 40%，葡萄糖0.3 mol/L，$CaCl_2$ 66 mmol/L，二甲基亚砜10%)。再静置20 min 后，将溶液尽可能吸出并加入尽可能多量(但不使溶液流下盖玻片)的 KM 培养基。再静置10 min 后，换以适量新鲜培养基。培养皿用 Parafilm 封口并置于25 ℃散射光条件下培养。10 d 后将原培养基吸掉一半，换以等量的渗透压减半的新鲜培养基。

4. 不定芽分化

待形成肉眼可见愈伤组织时，将其逐一挑出建立源自单个细胞的克隆系。不定芽分化培养基为 MS+BA 2.0 mg/L+IAA 0.5 mg/L+CH 200 mg/L +甘露醇20 g/L+蔗糖30 g/L+琼脂8 g/L，pH 值5.8。

5. 不定根诱导

待不定芽长至 3~5 cm 时，将其转至 MS 基本培养基，诱导不定根。

六、作业及思考题

1. 观察记录细胞原生质体融合过程和融合细胞生长分化状况。
2. 查阅相关文献，试设计一组实验方案，鉴定所得的愈伤组织或植株是否为融合体。
3. 原生质体融合有哪些方法？各具备何优缺点？

实验 33　电融合方法诱导柑橘原生质体融合

一、实验目的

学习和掌握电融合诱导同种植物原生质体融合的方法。

二、实验原理

柑橘具有高度遗传异质性、一些品种具有雌或雄器官败育、花期不遇、童期长的特点，且大多数品种具有珠心胚现象，使柑橘传统育种受到限制。原生质体融合技术为柑橘遗传育种提供了一条新途径。原生质体融合技术能打破柑橘远缘杂交不亲和、有性杂交过程中遇到的性器官败育以及珠心胚干扰等限制，是有性杂交育种的有益补充。这一技术不仅可以实现核 DNA 重组，也可使胞质基因实现重组，还能转移多基因编码的性状（如作物的产量、品质、抗逆、抗病虫等性状），可创造常规杂交育种不能创造的新种质资源。

人工诱导原生质体融合可使用物理学方法，如细胞融合仪，在电场诱导下实现融合，该方法操作简单、融合率高（双核异核体率可达 15% 以上）、对原生质体无毒害作用，并能促进细胞分裂、生长和植株再生。

三、实验用具及药品

1. 实验用具

各种接种工具、微孔滤膜过滤器、Parafilm 封口膜、不锈钢网筛。

2. 实验仪器

细胞融合仪、超净工作台、震荡摇床、pH 计、光照培养箱、高压灭菌锅。

3. 实验药品

（1）试剂

BH_3 培养基、EME 培养基、MT 培养基、MS 培养基各种母液、KT、NAA、2,4-D、MES(2-N-吗啉乙磺酸)、纤维素酶(Onozuka R-10)、离析酶(Macerozyme R-10)、$CaCl_2 \cdot 2H_2O$、NaH_2PO_4、$KH_2PO_4 \cdot H_2O$、KNO_3、$MgSO_4 \cdot 7H_2O$、$CuSO_4 \cdot 5H_2O$、KI、甘露醇、葡萄糖、蔗糖、琼脂、70%乙醇、84 消毒液。

（2）酶解液

1.2%、1.5%纤维素酶 R-10，1.2%、1.5%离析酶 R-10。过滤灭菌后使用。

（3）洗液

CPW13 洗液、CPW26 洗液。

四、实验材料

柑橘胚性愈伤组织。

五、实验方法及步骤

1. 融合材料准备

诱导胚性愈伤组织的基础上建立胚性悬浮系，从胚性悬浮系分离出的原生质体有利于植株再生。

（1）胚性悬浮系建立

胚性悬浮系的建立参照付春华的方法进行。从 MT 固体培养基上挑出颜色淡黄、颗粒细小、疏松、分散、生长旺盛的胚性愈伤组织接种到液体悬浮培养基（MT+ME 500 mg/L +谷氨酰胺 1.5 g/L +蔗糖 40 g/L）进行悬浮培养。每 14 d 继代 1 次，培养条件为暗培养，28 ℃，转速 115 r/min。继代 3 次后用于原生质体分离。

（2）叶肉亲本准备

先用 1% NaOH 浸泡成熟的柑橘种子 5～10 min。自来水冲洗干净后，再用 1%～3% NaClO 表面消毒种子 10～15 min。无菌蒸馏水清洗种子 3～6 次后，将种皮剥去，接种到 MT 固体培养基，播种 30 d 左右后取叶片用于分离叶肉原生质体。

2. 原生质体分离与纯化

柑橘原生质体的分离和纯化参考 Grosser 和 Gmitter 的方法，稍作修改。

（1）愈伤组织原生质体酶解

用吸管吸取约 1 g 液体胚性悬浮系细胞到 60 mm×15 mm 的无菌塑料培养皿，吸干液体培养基后，加入 0.7 mol/L EME 培养基（MT+ME 500 mg/L+蔗糖 0.7 mol/L）约 1.5 mL，再加入等体积的酶液（1.2%离析酶 R-10+1.2% 纤维素酶 R-10+12.7%甘露醇+0.12% MES+0.36% $CaCl_2 \cdot 2H_2O$+0.011% NaH_2PO_4）。暗培养条件下，转速 30～40 r/min，酶解 16～20 h。

（2）叶肉原生质体酶解

先将约 1.5 mL 的 0.6 mol/L EME 培养基（MT+ ME 500 mg/L + 蔗糖 0.6 mol/L）加入到无菌塑料培养皿，再将切成约 1 mm 条状的嫩叶片放入，最后再加入等体积的酶液（1.5%离析酶 R-10 +1.5%纤维素酶 R-10，其他成分和浓度与酶解悬浮系愈伤组织原生质体的酶液相同）。暗培养条件下，静置酶解 16～20 h。将酶解好的愈伤组织和叶片组织分别经孔径为 45 μm 的不锈钢网筛过滤，滤液分别转入 10 mL 的玻璃离心管，离心 6 min，弃上清液，沉淀用 1～1.5 mL CPW13 盐悬浮，然后用吸管缓缓转入到预先加入了 3～4 mL CPW26 的离心管中，离心 3 min，CPW13 和 CPW 26 中间界面形成一条清晰的原生质体带（愈伤原生质体带为白色、叶肉原生质体带为绿色）。用吸管轻轻将原生质体带吸出，用电融合液（甘露醇 0.7 mol/L +$CaCl_2$ 0.25 mmol/L）悬浮，离心 6 min。纯化后的愈伤组织原生质体和叶肉原生质体分别用电融合液悬浮，密度分别调整为 $1×10^6$ 个/mL 和 $2×10^6$ 个/mL。上述离心力均为 960 r/min。

3. 原生质体活性测定

原生质体活性测定通常采用荧光素双醋酸酯（FDA）染色法。参照付春华的方法进行：将 12 μL 浓度为 5 mg/mL 的 FDA 加入到 0.5 mL 纯化后的原生质体中，静止 5 min 后，荧光显微镜下（WIB 激发光）观察，每个处理统计 10 个视野，取平均值。计算公式如下：

$$原生质体活性=\frac{\text{WIB 激发光下发出荧光的原生质体数}}{\text{同一视野中原生质体总数}}×100\%$$

4. 原生质体电融合

(1) 电融合法基本原理

融合小室在高频、不均匀的交流电场(AC)作用下，使原生质体两极的电场强度不同，从而原生质体表面电荷偶极化而具有偶极子的性质，使原生质体沿电场线排列而运动。原生质体串联成珍珠串、平行排列后，再加以直流脉冲(DC)作用，原生质体的细胞膜发生可逆性的电击穿，相接触的原生质体发生融合。整个融合过程时间很短。

(2) 电融合过程

柑橘原生质体融合参照 Guo 和 Deng 的方法，稍作修改。采用日本岛津公司 SSH-2 型的细胞融合仪，融合小池为 FTC-04，其容积为 1.6 mL、电极距离为 0.4 cm。融合前，融合小池先用电融合液洗涤 1~2 次。将调整密度的愈伤原生质体和叶肉原生质体等体积混合后，愈伤原生质体和叶肉原生质体的比例是 1∶2。吸取约 1.6 mL 混匀了的含双亲原生质体的电融合液于融合小池中，在小池中央滴几滴融合液保湿，封口静置 5~10 min 后融合，融合参数为交变电场强度(AC) 100 V/cm，交变电场作用时间 60 s，直流脉冲强度(DC) 1250 V/cm，直流脉冲作用时间 45 μs，直流脉冲间隔时间 0.5 s，直流脉冲次数 5次。融合后静置 8~15 min，这样利于融合原生质体变圆。融合后的融合产物用吸管轻轻吸出移到离心管，用 BH$_3$ 液体培养基离心洗涤，离心力 960 r/min，离心 6~8 min。原生质体沉淀用 BH$_3$ 液体培养基悬浮，密度调整到 $0.5×10^5 ~ 1×10^5$ 个/mL。

5. 融合产物培养再生

原生质体培养采用液体浅层培养方法。用吸管将密度 $0.5×10^5 ~ 1×10^5$ 个/mL 的融合产物移至无菌塑料培养皿，每皿 1.5 mL 左右，封口后暗培养，温度 28 ℃。培养 3~10 d 后，原生质体再生细胞壁，并开始第 1 次分裂。培养 20~30 d 后，原生质体分裂成多细胞团，此时需加入几滴 0.6 mol/L dBH$_3$ 和 0.3 mol/L EME 培养基，降低培养基的渗透压，促进细胞分裂。此后 7~14 d 再加 1 次。当原生质体长成肉眼可见的 1~2 mm 的小细胞团时，将小细胞团挑出，放在甘油固体培养基(MT + 20 mL 甘油)或 EME500(MT+ME 500 mg/L+蔗糖 50 g/L)或乳糖固体培养基(MT+乳糖 50 mg/L)上，然后在固体培养基上覆盖薄薄一层BH$_3$ 液体培养基，在光下进行固—液双层培养诱导胚状体(体细胞胚胎，简称体胚)的发生。长出的球形胚、心形胚及时转入 EME1500 固体培养基(MT+ME 1500 mg/L+蔗糖 50 g/L)上，发育到子叶期的胚状体转移到生芽培养基(MT+6-BA 0.5 mg/L+KT 0.5 mg/L+NAA 0.1 mg/L+蔗糖 30 g/L)上诱导生芽，再生的芽生长至 2~3 cm 长时，用手术刀切下转移到生根培养基(1/2 MT+IBA 0.1 mg/L+NAA 0.5 mg/L+活性炭 0.5 g/L+蔗糖 20 g/L)生根。

六、作业及思考题

1. 观察记录细胞原生质体融合过程和融合细胞生长分化状况。

2. 试分析比较原生质体的化学融合方法与物理融合方法的优缺点。

实验 34　植物微茎尖脱毒技术

一、实验目的

理解植物微茎尖脱毒的基本原理，掌握微茎尖脱毒技术。

二、实验原理

植物体内往往含有病毒，特别是无性繁殖的植物带病毒的概率更高，这些病毒往往会影响植物的正常生长，但病毒在植物体内的分布是不均一的，即越接近生长点或分生组织，病毒浓度越低。已知病毒是 DNA 大分子，病毒侵染植物后可进入植物细胞。当植物细胞分裂时，病毒 DNA 随着复制。因此，细胞分裂和病毒繁殖之间存在相互竞争，在迅速分裂的植物细胞中，正常核蛋白合成占优势，而在植物细胞伸长期间，则是病毒核蛋白合成占优势。生长点、分生组织细胞是活跃分裂的细胞，其细胞分裂速度比病毒 DNA 复制速度快，故采用旺盛分裂的生长锥(顶端分生组织)离体培养，就有可能脱除植物病毒。因此，可以利用植物幼嫩的微茎尖离体培养而脱除植物病毒，获得不带病毒的植株，恢复品种特性。

三、实验用具及药品

1. 实验用具

超净工作台、体视显微镜、低温冰箱、高压灭菌锅、蒸馏水器、酸度计、天平、酒精灯、解剖刀、解剖针、剪刀、镊子、试管、带滤纸的培养皿、三角瓶、烧杯、移液管、量筒、酒精缸、记号笔、脱脂棉、火柴、废液杯、刀片、封口膜、线绳。

2. 实验药品

MS 基本培养基、琼脂、70% 乙醇、灯用乙醇、84 消毒液、吐温 20、IBA、6-BA、NAA、蔗糖、维生素 C 等。

3. 培养基

(1)苹果丛生芽诱导培养基(P1)

MS+6-BA 0.5~1.5 mg/L+NAA 0.01~0.05 mg/L+维生素 C 100 mg/L+琼脂 6.0 g/L，pH 5.8。

(2)苹果继代培养基(P2)

MS+6-BA 0.5~1.0 mg/L+NAA0.05 mg/L+琼脂 6.0 g/L，pH 5.8。

(3)苹果生根培养基(P3)

1/2MS（不含蔗糖)+蔗糖 20 g/L+琼脂 6.0 g/L，pH 5.8。

四、实验材料

幼嫩的苹果植株。

五、实验方法及步骤

1. 热处理

将幼嫩的苹果植株置于 37 ℃±1.5 ℃的人工气候箱，热处理 28 d。

2. 准备实验材料

剪取生长旺盛的新梢梢尖(2~3 cm)，去掉大叶片。自来水冲洗 30 min，移至超净工作台，进行材料的表面灭菌处理(70%乙醇—无菌水洗 2~3 次，84 消毒液—无菌水洗 2~3 次)。

3. 剥取茎尖

将无菌培养皿置于超净工作台内的解剖镜下，加少许无菌水浸湿皿内的滤纸(培养皿和滤纸均无菌)，将无菌材料置于培养皿中。用经过高温灭菌的解剖针及镊子剥去包裹茎尖的苞片，直至露出透明生长点，用手术刀将其切下，即切取 0.3~0.5 mm 大小的茎尖分生组织，立即接种于 P1 培养基上进行培养。

4. 芽的诱导及培养

在 P1 培养基上诱导出丛生芽后，将其切下，接种在 P2 培养基上培养，放入培养室培养。

5. 生根培养

在 P2 培养基上的芽梢叶片充分伸展后，切取 3~5 cm 新梢，将其基部浸入 100 mg/L IBA 溶液 15~30 min，然后插入 P3 培养基进行生根培养。

6. 脱毒效果检测

(1)指示植物法

利用弗吉尼亚小苹果可检测茎痘病毒和茎沟病毒；斯派 227 和光辉苹果可检测出茎痘病毒；苏俄苹果可检测褪绿叶斑病毒；草本指示植物昆诺藜和心叶烟可检测褪绿叶斑病毒和茎沟病毒等。指示植物法虽然简单，但检测速度很慢，灵敏度也较低。

(2)电镜法

电子显微镜能直接观察到苹果病毒粒子的形态特征，其优点是快速、直观，但需用电子显微镜，且样品制备费用较高，所以应用受到限制。

(3)酶联免疫吸附测定法(ELISA)

ELISA 是当前生产中应用最广泛的病毒检测方法，目前该方法可以检测多种苹果病毒，我国已制得了褪绿叶斑病毒、茎沟病毒的抗血清，可利用 ELISA 快速检测这两种病毒。

(4)分子生物学技术

该方法是通过检测病毒核酸证实病毒的存在，其灵敏度比 ELISA 高，特异性强，检测快速，并可用于大量样品的检测，适用范围广，检测对象可以是 RNA 病毒、DNA 病毒和类病毒。常用的分子生物学技术包括核酸分子杂交技术、双链 RNA 电泳技术、RT-PCR 技术等。在苹果上利用 FCR 技术可以检测多种病毒。

六、注意事项

1. 注意防污染，要灭菌彻底，减少交叉感染。

2. 材料应尽快处理，以免被污染或风干，也可以在培养皿中滴加无菌水，以防茎尖在剥离过程中失水。

七、作业及思考题

1. 植物脱毒的方法主要有哪些？叙述植物微茎尖脱毒的基本原理及脱毒程序。
2. 观察结果并记录分析茎尖污染和成活状况（表 34-1）。

表 34-1 微茎尖脱毒试验记录表

培养茎尖数	污染数	污染率/%	成活数	成活率/%

3. 如何鉴定茎尖组织培养形成的试管苗是否带病毒？

实验 35　植物超低温脱毒技术

一、实验目的

掌握植物超低温脱毒技术的原理和操作技术。

二、实验原理

超低温脱毒是指将超低温保存、组织培养相结合从而达到脱除病毒目的的一种植物脱毒技术。目前常用的超低温处理方法包括玻璃化法、包埋干燥法、小滴玻璃化法、包埋玻璃化法。

病毒在植物体内呈不均匀分布，顶端分生组织不含或只含有少量病毒。超低温脱毒技术是利用液氮超低温($-196\ ℃$)对植物细胞的选择性杀伤，得到存活的顶端分生组织。顶端分生组织能够在超低温处理后存活，与其本身的细胞特性有关。顶端分生组织位于茎尖和根尖，这些组织的细胞体积小，细胞质浓厚，液泡小，核质比例大，细胞排列紧密。这样的细胞自由水含量低，在超低温环境中细胞质保持无定形状态，或不会产生导致细胞死亡的微小冰粒，从而存活。而距离生长点越远的细胞，体积越大，液泡越大，含水量多，核质比例小，细胞排列疏松，这样的细胞由于含有大量自由水，在超低温环境中会形成树枝状冰晶，这些冰晶破坏细胞的膜结构从而导致细胞死亡，因此将含有病毒的细胞致死，从而起到脱除病毒的作用。

超低温保存是指将生物材料用一定配方的复合保护剂处理后直接迅速投入液氮($-196\ ℃$)中，降温速度足够快，迅速通过了冰晶生长的温度区，从而使细胞进入无定形的玻璃化状态。在超低温条件下，几乎所有细胞代谢活动和生长过程都停止，植物材料处于相对稳定的生物学状态而得以保存。正是由于超低温处理对细胞的选择性杀伤，保留了顶端分生组织，杀伤了含有病毒的其他细胞，所以可以通过超低温处理而达到植物脱毒的目的。

超低温脱毒技术的主要优势如下：

(1)脱毒率不受茎尖大小的限制，操作简便；

(2)超低温处理较热处理结合茎尖剥离，实验周期更短、成本更低；

(3)超低温处理后再生的植株脱毒率高。

三、实验用具及药品

1. 实验用具

解剖镜、电子天平、高压灭菌锅、光照培养箱、酸度计、振荡培养箱、水浴锅、超净工作台、液氮罐、量筒、烧杯、容量瓶、三角瓶、培养皿、镊子、剪刀、接种针、记号笔等。

2. 实验药品

MS 培养基、PVS_2(MS + 30%甘油 + 15%乙二醇 + 15%二甲基亚砜 + 蔗糖 0.4 mol/L, pH5.8)、蔗糖、甘油、琼脂、6-BA、IBA、84 消毒液、无菌水、二甲基亚砜、1N HCl、1N NaOH。

四、实验材料

带有潜隐病毒的梨离体植株。

五、实验方法及步骤

1. 无菌茎尖获得

(1)外植体取材及表面灭菌

将采下的枝条用自来水冲洗干净，置于室温(25 ℃)水培至芽萌动，然后在超净工作台内将顶芽或腋芽剥去鳞片，无菌水冲洗 3 次，将材料用 70%乙醇浸泡 45 s，无菌水冲洗 3~4 次。再用 10%84 消毒液浸泡 30 min，无菌水冲洗 5 次。

(2)茎尖剥离与培养

将灭菌后的茎尖剥至约 3 mm，接种于 MS+IBA 0.2 mg/L+6-BA 1.0 mg/L+琼脂 5.3 g/L+蔗糖 30 g/L 的培养基上。置于光照强度 40 μmol/(s·m²)条件培养，先弱光培养 30 d，然后转移到正常光照下培养。获得成活的梨离体植株后，每 30 d 继代培养一次，此无菌苗用于下一步实验材料。

2. 茎尖预培养

取株高 1.0~2.0 cm 的再生芽，在超净工作台上分成单芽后，接种 MS+蔗糖 0.4 mol/L+油 0.4 mol/L 的培养基，预培养时间分别设置为 0、1 d、2 d、3 d、4 d 和 5 d。

3. 装载

在解剖镜下剥取经过不同预培养天数的长度约为 2 mm 茎尖，将该茎尖放于装载液为 60%玻璃化溶液 2(不含外源激素的 MS 液体培养基与 PVS₂ 溶液体积比为 4∶6，pH 5.8)，在 25 ℃条件下进行玻璃化预处理，处理时间分别为 0、20 min、30 min、40 min。

4. 玻璃化超低温处理

将装载后的茎尖再用 PVS₂(MS+30%甘油+15%乙二醇+15%二甲基亚砜+蔗糖 0.4 mol/L，pH 5.8)0 ℃条件处理，不同处理时间设置为 80 min、100 min、120 min、140 min、160 min。处理后在冷冻管中换上新鲜的 PVS₂ 溶液，迅速投入液氮中保存 70 min。

5. 材料解冻

从液氮中取出茎尖迅速投入 40 ℃水浴中解冻 90 s，用 1.2 mol/L 蔗糖培养液洗涤 2 次，每次 10 min，直到茎尖漂浮在液体表面。

6. 恢复培养

洗涤后的茎尖转入 MS 培养基，暗培养 7 d 转移到自然光下培养，继续培养 15 d 后转移到组培室光照 40 μmol/(s·m²)条件培养。15 d 后统计成活率，30 d 后统计存活率。

六、作业及思考题

1. 超低温保存技术进行植物脱毒的作用原理是什么？

2. 与其他植物脱毒技术相比，超低温脱毒技术的优势有哪些？

实验 36 花粉发育时期的鉴定

一、实验目的

学习花粉发育时期的镜检技术，同时识别关键时期的细胞学特征。

二、实验原理

花药和花粉离体培养中，准确掌握花粉的发育时期是提高花粉再生植株诱导频率的重要因素。准确地鉴定花粉发育时期，适期、及时接种是花药、花粉离体培养中十分重要的操作技术。花粉发育时期的特征如下：

（1）四分孢子期

花粉经过减数分裂后，形成连接在一起的四个小孢子。显微镜镜检时，在一个平面上往往只能看到三个小孢子及小孢子核。在同一个平面上看到四个小孢子及小孢子核的情况较少。

（2）单核期

细胞体积较小，相比之下核显得大，核位居正中，细胞质没有液泡化。

（3）单核中期

细胞体积增至正常大小。细胞质中开始出现小液泡，细胞核开始向边缘移动。

（4）单核晚期

胞质中小液泡连成大液泡。核被挤到边缘靠近细胞壁。这一时期也称单核靠边期。

（5）双核期

单核小孢子第一次有丝分裂后，形成两个形态、大小不同的子核。一个是染色质松散、染色较浅的营养核；另一个是染色质紧密、染色较浓的生殖核。

（6）三核期

三核期由于淀粉的大量累积，细胞核内状况不易观察。二核型花粉生殖核的分裂往往要在花粉发芽之后才能见到。

三、实验用具及药品

1. 实验用具

显微镜、镊子、解剖针、载玻片、盖玻片、酒精灯、滤纸。

2. 实验药品

卡诺固定液（无水乙醇或95%乙醇与冰醋酸体积比为 3∶1）、1.5%醋酸洋红液或卡宝品红液。

四、实验材料

猕猴桃、山茶、油茶、杉木各发育时期的花蕾。

五、实验方法及步骤

1. 前期花蕾取样

在春天当猕猴桃现蕾时开始取样。若材料为山茶花，则于 9~11 月取样。取材时以花蕾开放程度分为 Ⅰ 期、Ⅱ 期、Ⅲ 期、Ⅳ 期、Ⅴ期、Ⅵ 期和Ⅶ期共 7 个形态阶段，每组取 15 个花蕾。每天 8:30~9:30，采集雄花花蕾置于冰盒内，在实验室用卡诺固定液于室温条件固定 24 h，固定液用量为样品的 10 倍。然后用 95% 乙醇洗去固定液，于 70% 乙醇 4 ℃ 条件保存备用。

2. 分离花药

取固定处理后的花蕾，用镊子小心剥去萼片、花瓣，取出花药，在 1 mol/L HCl 中 60 ℃恒温条件解离 3~6 min，然后用蒸馏水清洗干净。将花药置于载玻片上，用吸水纸吸去固定液，滴上一滴 1.5% 醋酸洋红液或卡宝品红染色液，用双面刀片从花药中部切断，用镊子或解剖针大头一端，轻轻挤压花药，挤出其中的花粉母细胞或花粉粒，使其散出花粉母细胞或花粉粒。目的是使花粉从药囊中游离出来。

3. 花药制片

将花药壁残渣弃去，盖上盖玻片进行压片，并在盖玻片上覆一张吸水纸，用大拇指在吸水纸上盖玻片所在位置压片，吸水纸可将挤出的多余水分和染液吸干，在酒精灯火焰上迅速来回轻烤几次，45% 醋酸分色制片。目的是破坏染色质，促使细胞核着色，同时驱赶气泡。可随时用手背试测温度，注意不可过热。

4. 显微镜观察

待制片冷却后在显微镜下检查。先用奥科巴斯 BX43 型生物数码显微镜在 40× 条件找到视野，再在 100× 条件确定花药小孢子所处的发育时期并拍照。

六、注意事项

可参考猕猴桃花蕾开放程度取样。猕猴桃的取样时期见表 36-1：

表 36-1 取样时期

猕猴桃花蕾开放时期	Ⅰ 期	Ⅱ 期	Ⅲ 期	Ⅳ 期	Ⅴ 期	Ⅵ 期	Ⅶ 期
花蕾的瓣萼比	1.6	1.7	1.8	1.9	2.0	>2.0	>2.0

七、作业及思考题

1. 观察花粉各发育时期，比较花粉母细胞与单核期的差异，并试绘出单核早期、晚期和双核早期的细胞形态图。

2. 试分析猕猴桃、山茶花小孢子发育时期和花蕾形态外部特征间的联系？对单倍体育种研究有何意义？

实验 37　花药离体培养

一、实验目的

通过对植物花药进行离体培养以获得单倍体植株，了解花药培养及单倍体鉴定过程，为该方法在育种上的应用奠定基础。

二、实验原理

性母细胞通过减数分裂形成的是雌、雄配子，其染色体数目是体细胞数目的一半。这种具有单套染色体的细胞称为单倍体细胞。这种具有单套染色体的植物称为单倍体植物。离体培养花药或花粉诱发小孢子单性发育成单倍体植物。

三、实验用具及药品

1. 实验用具

高压灭菌锅、量筒、烧杯、烧瓶、移液管、容量瓶、培养基分装用具、封口膜、pH 试纸或酸度计、电炉、电子秤、超净工作台、无菌培养皿、无菌水、镊子、解剖刀、实体解剖镜、酒精灯、广口瓶、三角瓶或培养试管。

2. 实验药品

培养基、2.5% NaClO（次氯酸钠）、6-BA、NAA、蔗糖、琼脂、活性炭、缓冲液、乙醇、蒸馏水等。

四、实验材料

枸杞、山茶花药。

五、实验方法及步骤

1. 培养基准备

在 MS 培养基+5%蔗糖+0.7%琼脂+0.8%活性炭的基础上，分别添加不同浓度 6-BA（0.1 mg/L、0.5 mg/L、1.0 mg/L）和不同浓度 NAA（0.1 mg/L、0.5 mg/L、1.0 mg/L）共 9 种组合，培养基 pH 值灭菌前调整为 6.8，121 ℃条件下灭菌 20 min，待用。

2. 外植体准备

采集花粉发育时期为单核靠边期的花蕾，首先在 70%的乙醇中浸泡 30 s，然后倒出乙醇用 2.5% NaClO（次氯酸钠）溶液浸泡并充分振荡 7~20 min，再用无菌水冲洗 3~4 次，置于覆有滤纸的无菌培养皿内备用。

3. 接种与培养

将表面灭菌过的花蕾用镊子剥开，取出花药（注意避免损伤花药），将附着的花柱和花丝挑取干净，接种到花药培养基上。每瓶接种 6 个花蕾，接种后标注材料、时间、姓名等，并于温度 26 ℃±1 ℃、光照强度为 2000 Lux、光照周期 12 h/d 条件的培养室培养，50 d 后统计结果。

4. 花粉植株的鉴定

(1)流式细胞仪检测花粉植株倍性

采用美国 BD 公司的 FA CSCalibur 流式细胞仪进行检测，用随机软件 CellQuese 获取数据。通过 ModFit 软件显示 DNA 含量分布图。流式细胞检测操作流程如下。

①缓冲液的配制　10 mmol/L $MgSO_4 \cdot 7H_2O$+50 mmol/L KCl+5 mmol/L HEPES(将 23.8 g 1 mol/L HEPES 溶于约 90 mL 水中，用 NaOH 调至 pH 8.0，然后用水定容至 100 mL)+0.25% Triton X-100(v/v)。

②提取液的配制　提取液 A：$MgSO_4$缓冲液中附加 1%聚乙烯吡咯烷酮(PVP)-30(w/v)，贮藏于 4 ℃条件备用；提取液 B：$MgSO_4$缓冲液附加 0.40 mg/mL 碘化丙啶(propidiumiodide, PI)和 0.40 mg/mL RNase A，现配现用。

③取 0.2 g 枸杞、山茶叶片，加入 1 mL 0 ℃的提取液 A，在培养皿中用锋利的刀片迅速(1min 内)将其切碎，溶液用 200 目双层尼龙网过滤至 1.5 mL 的离心管中，加入 500 μL 提取液 B，充分混匀，此时避光适温条件保存，荧光染色液染色 5~15 min。流式细胞仪软件分析检测结果。用已知二倍体枸杞或山茶叶片(母树)做对照。

(2)根尖细胞染色体倍性鉴定

于 9:00~11:00 用小镊子取下根尖，立即投入 0.2%的秋水仙碱溶液中预处理 3~4 h，然后用清水洗 2~3 次。将预处理后的材料放入卡诺固定液(无水乙醇或 95%乙醇：冰醋酸＝3:1)中固定 12~24 h，用蒸馏水冲洗 2~3 次，95%乙醇洗去醋酸味。清洗后用解离液(95%乙醇：浓盐酸＝1:1)解离 5~15 min，以便染色体分散。从解离液中取出材料清洗 2~3 次，转移至洁净载片上，切取根尖 1~2 mm，加 1 滴卡宝品红染色剂，用玻璃棒将材料压碎，盖上盖玻片，在其上垫上一层滤纸，用皮头铅笔在盖玻片上轻轻敲击，使材料压成均匀的薄层，放在显微镜下观察拍照。

六、作业及思考题

1. 观察几周后花药生长变化情况，是否有愈伤组织出现，是否能够再生出不定芽，亦可通过检验染色体数目确定是否为单倍体。

2. 单倍体育种相对于常规育种有哪些优越性？

实验 38　植物幼胚离体萌发培养

一、实验目的

学习并掌握幼胚剥离技术及其无菌离体培养的操作技术。

二、实验原理

种胚败育是杂交尤其是远缘杂交成功的障碍之一，败育可能发生在胚发育的任何阶段，在胚败育前，可把未成熟胚（又称幼胚）取出进行离体培养（又称胚挽救技术），以克服杂交不育。因此，植物胚培养是杂交育种尤其是远缘杂交育种的重要手段。

植物胚的离体培养是指离体胚在人工配制的培养基上培养，并使之发育成正常植株的过程。通过对早期未成熟胚进行直接培养，显著缩短育种周期，如可避免长期的保果时间（采用常规方法果实需要在植株上生长 6 个月甚至更长时间）以及层积处理打破种子休眠时间。胚培养时剥去内种皮，破除了对种子萌发的抑制，可以提高有性杂交种子萌芽率。

三、实验用具及药品

1. 实验用具

超净工作台、镊子、解剖刀、解剖镜、烧杯、培养皿等。

2. 实验药品

幼胚培养基、无菌水、84 消毒液、70%乙醇、棉球等。

四、实验材料

月季杂交种胚。

五、实验方法及步骤

1. 取材

以'窄叶藤本月月红'月季为母本，'月月粉'月季为父本进行杂交。授粉 30 d 后，每隔 20 d 随机摘取 5 枚幼果，取回后不要剥开果皮，先整个用洗衣粉刷洗，自来水冲洗干净。

在生长季节，根据不同树种的幼胚发育时期，选择合适时期进行取材。取材时选取大小均一、果型正常、无病虫害的幼果。

2. 材料灭菌

将幼果移到超净工作台，然后剥除外果皮，将种子置于无菌的烧杯或三角瓶，用 70%的乙醇浸泡灭菌 30 s，无菌水冲洗 3 次，将这些材料转移到另一个无菌的三角瓶，再用 10%~20%的 84 消毒液的稀释溶液浸泡灭菌 10~30 min（时长视材料而定），然后无菌水洗

3~5 次备用。

3. 接种实验

继续在超净工作台上将种子移入无菌的培养皿中进行剥离，用枪形镊固定住种子，用手术刀沿种子腹缝线将内种皮剖开，切除骨质内种皮，将幼胚取出，接种在 MS+6-BA 1.0 mg/L+NAA 0.05 mg/L 的培养基中，每瓶接种 4~5 个幼胚。

4. 幼胚培养

培养瓶封口，做好标记置于培养室中弱光光照条件培养，光强度以幼胚胚龄而定，一般培养温度 23~25 ℃、光照强度 2000~2500 Lux、光照周期 12 h/d。

六、注意事项

1. 幼胚萌发叶片变绿标志着培养成功，绿苗诱导率计算公式如下：

$$诱导率 = \frac{萌发幼胚数}{接种幼胚数} \times 100\%$$

2. 培养基须按胚龄大小调节蔗糖的浓度。幼胚移入培养基后，尽量避免光线直射。成熟胚培养约 7 d 可以发芽生长，未成熟幼胚 21~28 d 形成愈伤组织。

七、作业及思考题

1. 胚培养可以解决哪些问题？
2. 如何控制和降低胚培养过程中的污染？
3. 影响胚培养成功的因素有哪些？

实验 39　苹果胚乳培养技术

一、实验目的

通过本实验了解苹果胚乳培养的过程，掌握利用胚乳培养技术培育三倍体新种质。

二、实验原理

苹果属于蔷薇科苹果属，是落叶果树中主要栽培的树种，也是世界上栽培面积较广、产量较高的果树树种之一。被子植物的胚乳是双受精的产物之一，是三倍体组织。三倍体的胚乳细胞经器官发生途径可以形成三倍体植株。

胚乳培养（endosperm culture）是指将胚乳组织从母体上分离出来，通过离体培养，使其发育成完整植株的技术。胚乳组织是贮藏营养的场所，在自然条件下，胚乳细胞以淀粉、蛋白质和脂类的形式贮存着大量的营养物质，以供胚胎发育和种子萌发需要。因此，胚乳培养也为研究这些产物的生物合成及其代谢提供了一套很好的实验系统。

被子植物的胚乳组织或其所形成的愈伤组织具有潜在的器官分化能力，若能给予合适条件，由胚乳形成的愈伤组织经过诱导就可以形成芽、根等器官，并形成完整植株，证明胚乳细胞的"全能性"。这也是诱导三倍体植物的重要途径。

三、实验用具及药品

1. 实验用具

超净工作台、冰箱、微波炉或恒温水浴、抽滤灭菌装置，电磁炉、高压灭菌锅、pH计（或 pH 试纸）、高温消毒器、枪式镊子、手术剪、手术刀、搪瓷锅（或 1000 mL 烧杯）、乙醇棉球、吸管、烧杯等。

2. 实验药品

培养基：MS 培养基。

70%乙醇、2%次氯酸钠溶液（或 84 消毒液）、无菌水、水解酪蛋白（CH）、6-BA、NAA、2,4-D 溶液。

四、实验材料

苹果幼果。

五、实验方法与步骤

1. 胚乳培养的取材和灭菌

胚乳培养成功的关键环节是要选择合适的发育时期。许多胚乳培养的实践已证实，游离核型期材料难以培养，而细胞型期的材料则易于成功。而种子发育后期，处在消失中的胚乳产生愈伤组织的频率极低。不同植物胚乳培养的合适时期，必须通过实验观测予以确定。

苹果胚乳培养应在胚乳已成为细胞组织并充分生长时进行，如北京地区为 5 月下旬至 6 月上旬，此期幼胚的各种器官分化已经完成但生长缓慢。当苹果开花授粉后 25 d 左右，采集幼果用 70% 乙醇表面灭菌，再以蒸馏水冲洗 1~2 次，用 2% 次氯酸钠灭菌 20~30 min（10%84 消毒液），无菌水清洗 3~4 次。接种时在超净台无菌条件下切开幼果，在解剖镜下取出种子，用镊子和解剖针将胚切去，留下胚乳，并将胚乳接种在诱导愈伤组织的培养基上。

2. 愈伤组织诱导

通常使用的基本培养基为 MS、White、MT 等，但以 MS 培养基最为常用。为了促进愈伤组织的产生和增殖，培养基中还添加一些有机物，包括酵母提取物或水解酪蛋白等附加物质，也有不少实验采用天然提取物，如椰子汁、淀粉等。胚乳培养中，大多数被子植物是胚乳细胞先诱导形成愈伤组织，然后再分化器官，诱导芽丛或胚状体。一般情况下，幼嫩胚乳培养比成熟胚乳产生愈伤组织的频率高。

本实验采用 MS+ 6-BA 1 mg/L + 2,4-D 0.5 mg/L 作为愈伤组织诱导培养基。培养基均附加水解酪蛋白（酪朊水解物，CH）200~500 mg/L，5% 蔗糖，0.7% 琼脂，pH6.0，在 1.2 kg/cm^2 压力下灭菌 15 min。培养温度条件保持 25~27 ℃，散射光培养条件。

3. 培养

用于分化的愈伤组织通常是在继代繁殖过程中新增殖的愈伤组织。一般结构较致密，多呈淡绿或米黄色。选择长势良好、生长 22~25 d 的愈伤组织用于分化培养。诱导愈伤组织分化时期，需供给充足光照。在 30 μmol/（m^2·s）左右的荧光灯下每天 10~12 h 光照培养。分化培养基为 MS+BA（0.1~1）mg/L+CH 500 mg/L+3% 蔗糖。分化培养 20 d 左右，产生绿色芽点，经过 40~60 d 继续生长则成为具有小叶片的植株，45 d 后，小芽长出直立簇生的小叶。

4. 生根

苹果试管苗的生根选用继代转接后 35 d 左右、长度 3~5 cm 的苹果试管苗茎段转接到生根培养基(1/2 MS+ NAA 0.5 mg/L)进行生根培养，10 d 左右开始在茎段的基部出现根原基，经 20~30 d 生长根可达到满足移栽的长度。

六、注意事项

胚乳培养细胞染色体倍性变化。在胚乳培养中，培养的胚乳细胞以及得到的胚乳植株，并不都是三倍体。愈伤组织细胞的倍性比较复杂，有二倍体、三倍体等多种倍性以及非整倍体，因此，染色体倍性的变异现象在植物胚乳培养中是相当普遍的。

七、作业及思考题

1. 试述胚乳培养的意义。
2. 简述苹果胚乳培养的基本步骤。

实验 40　葡萄的胚珠培养

一、实验目的

熟悉和掌握胚珠培养的操作流程。

二、实验原理

胚珠具有生长发育形成幼苗的能力，未受精胚珠培养能够获得单倍体植株，受精胚珠培养能够用于杂种胚拯救。离体条件下，通过胚珠培养，可以研究和控制雌配子体的发育及其胚胎发生。

在离体胚培养中，处于早期的原胚培养，由于分离和培养技术都比较困难，一般不易取得成功。可以采用胚珠培养(ovule culture)，即将胚珠从母株上分离出来，在人工控制的条件下进行离体培养，促进原胚继续胚性生长，使幼胚发育成熟，从而获得完整植株。胚珠培养时，也很容易从外植体上长出愈伤组织，这些愈伤组织可能来自幼胚，也可能来自珠心组织。因此，在胚珠培养时需控制好培养基和培养条件来诱导胚的生长和发育。影响胚珠培养的因素主要有植物的基因型、培养基种类、激素种类和浓度、培养条件(温度、光照)等。

葡萄无核品种因其无核，无论鲜食还是加工都深受消费者青睐，在葡萄生产中占有很重要的地位。常规的杂交育种，无核品种只能作父本，与有核品种杂交，后代中无核率很低，且育种周期长，需大量人力物力。利用胚培养的方法，选择假单性结实的无核品种作母本，与无核品种杂交，在合子胚败育之前进行离体胚珠培养，其后代的无核株率达 80% 以上，且育种周期缩短一半。胚珠培养主要应用在无核葡萄品种选育、早熟品种胚挽救和远缘杂交胚挽救等育种实践。

三、实验用具与药品

1. 实验用具

超净工作台、高压灭菌锅、pH 计(或 pH 试纸)、天平、解剖刀、剪刀、镊子、试管、培养皿、三角瓶、低温冰箱、烧杯、移液管、量筒、酒精缸、记号笔、封口膜、废液杯、无菌滤纸、无菌水、脱脂棉、线绳。

2. 实验药品

Nitsch (1969) 基本培养基(表 40-1)，即大量元素：NH_4NO_3、KNO_3、$CaCl_2 \cdot 2H_2O$、$MgSO_4 \cdot 7H_2O$，KH_2PO_4；铁盐：Na_2-EDTA、$FeSO_4 \cdot 7H_2O$；微量元素：$MnSO_4 \cdot 4H_2O$、$ZnSO_4 \cdot 7H_2O$、H_3BO_3、$CuSO_4 \cdot 5H_2O$、$Na_2MoO_4 \cdot 2H_2O$；有机物质：盐酸硫胺素、盐酸吡哆醇、烟酸、甘氨酸、叶酸、生物素、肌醇、蔗糖。

琼脂、水解酪蛋白、活性炭、70% 乙醇、灯用乙醇、6-BA、NAA、GA_3、IBA、ZT、

表 40-1　Nitsch（1969）基本培养基成分表

化学成分	用量/（mg/L）	化学成分	用量/（mg/L）
NH_4NO_3	720	$CuSO_4 \cdot 5H_2O$	0.025
KNO_3	950	$Na_2MoO_4 \cdot 2H_2O$	0.25
$CaCl_2 \cdot 2H_2O$	166	盐酸硫胺素	0.5
$MgSO_4 \cdot 7H_2O$	185	盐酸吡哆醇	0.5
KH_2PO_4	68	烟酸	5
Na_2-EDTA	37.3	肌醇	100
$FeSO_4 \cdot 7H_2O$	27.8	甘氨酸	2
$MiSO_4 \cdot 4H_2O$	25	生物素	0.05
$ZnSO_4 \cdot 7H_2O$	10	叶酸	0.5
H_3BO_3	10	蔗糖	00

2%次氯酸钠溶液或 25%84 消毒液。

3. 培养基

（1）葡萄胚珠发育培养基（P1）

Nitsch（不含蔗糖）+6- BA 0.5 mg/L+IBA 2 mg/L+GA$_3$ 0.5 mg/L+ZT 0.1 mg/L+ 酪蛋白 0.5 g/L +蔗糖 60 g/L + 琼脂 6.5 g/L。

（2）葡萄胚珠萌发培养基（P2）

Nitsch（不含蔗糖）+6-BA 1 mg/L+IBA 2 mg/L+GA$_3$ 0.2 mg/L+ 酪蛋白 0.3 g/L+蔗糖 30 g/L + 琼脂 6 g/L。

（3）葡萄成苗培养基（P3）

1/2MS（不含蔗糖）+6-BA 0.02 mg/L+IBA 0.15 mg/L+ 蔗糖 20 g/L+琼脂 6 g/L。

四、实验材料

葡萄自交或杂交 35~40 d 的幼果。

五、实验方法与步骤

1. 取样与幼果灭菌

取授粉 35~40 d 的葡萄幼果果穗，将带有 1~2 cm 果柄的果粒用剪刀剪下，放入纱网，流水冲洗 30~45 min，置超净工作台。将果粒在 70%乙醇溶液里浸泡 30~60 s，立即用无菌水冲洗 3~4 次，再放入 2%次氯酸钠溶液或 25% 84 消毒液溶液内浸泡 15~30 min（其间不断摇动灭菌容器），然后用无菌水冲 洗 4~6 次，备用。

2. 接种胚珠及培养

用解剖刀剖开浆果取出胚珠，接种于 P1 胚珠发育培养基。由于此时胚发育程度较低，基本处于多细胞时期和球形胚时期，为异养阶段，主要依赖胚乳及周围母体组织吸取养分。而母体组织又从培养基中吸收养分，所以胚发育培养基加入了氨基酸含量丰富的酪蛋白和不同配比的植物生长调节剂，而且糖浓度较高，使胚处于高渗液培养基中，防止胚过早萌发，利于胚的发育与增重。当胚发育至 40 d 左右时，胚的质量和体积增大 3~4 倍，颜色深绿且饱满，可对胚作进一步处理和萌发培养。

3. 胚珠处理及萌发培养

胚珠培养 56 d 后，对胚珠进行横切，然后接种在 P2 胚萌发培养基上进行培养。为了促使胚萌发，P2 萌发培养基减少了糖、生长素与酪蛋白的用量，增加细胞分裂素 6-BA 的用量，促使胚萌发。一旦胚萌发，芽伸长，就可转入成苗培养基 P3 中。

4. 成苗培养

萌发的幼苗转入 P3 成苗培养基培养后，将小苗转移到 1/2 MS 培养基，去除细胞分裂素 6-BA，增加生长素 IBA 的量，利于小苗快速与健壮生长，从而获得葡萄试管苗。然后将试管苗转入葡萄快繁培养基进行增殖。

5. 胚珠培养的条件

接种在各类培养基中的培养物置于温度 25~26 ℃、光照强度 1000~2000 Lux、光照周期 16 h/d 条件下进行培养。

六、作业及思考题

1. 接种 5 瓶葡萄胚珠进行培养，并统计产生小植株的胚珠数目。
2. 试述影响离体胚珠发育的因素。
3. 简述胚珠培养的基本程序。
4. 试述葡萄胚珠培养的应用价值。

实验 41　离体授粉受精

一、实验目的

了解离体授粉受精中柱头、子房或胚珠及花药的选取时间，巩固外植体的无菌培养和灭菌技术，掌握无菌操作下试管内授粉受精的操作技术。

二、实验原理

离体授粉是指将未授粉的胚珠或子房从母体上分离下来，进行无菌培养，并以一定的方式授以无菌花粉，使之在试管内实现受精的技术，所以又称为离体受精（feitilization *in vitro*）或试管受精（test tube feitilization）。可分为离体柱头授粉、离体子房授粉和离体胚珠授粉。植物远缘杂交育种时，常出现杂交不亲和性，利用离体授粉授精技术，可消除远缘杂交的不亲和性，从而使胚珠受精和结实。

三、实验用具及药品

1. 实验用具

超净工作台、镊子、剪刀、高温消毒器、锥形瓶、培养瓶等。

2. 实验药品

无菌水、84 消毒液、升汞、70%乙醇。

四、实验材料

枣树、百合花器官（花茎）。

五、实验方法及步骤

1. 准备工作

配制 70%乙醇，无菌空瓶和无菌水应提前灭菌并晾凉，提前配制 MS 培养基。将母本材料的花蕾在开花前去雄、套袋，并收集花药。

2. 用具灭菌

将接种工具、无菌水、培养基等置于接种台上，打开超净工作台通风开关，待紫外灯照射 15 min 后进行操作。

3. 材料灭菌

（1）向超净工作台内喷洒 70%乙醇或以 70%乙醇棉球擦拭台面，并用 70%乙醇对双手进行消毒。

（2）取开花前 1~2 d 的百合或枣树花苞，先用 70%乙醇浸泡 2 min。将乙醇倒出。

（3）将材料用无菌水冲洗一遍，转移到无菌瓶中。

（4）用 70% 乙醇处理 1 min。

（5）用无菌水冲洗 3~4 次，除去残留的灭菌液。

4. 材料培养

用无菌的剪刀和镊子将花瓣去掉，将雌蕊接种于无菌培养基上。同时将灭菌后的花药放在无菌滤纸的无菌瓶中培养，待花药开裂后收集花粉。

5. 授粉

待无菌培养的花药开裂后收集花粉，对离体培养的雌蕊进行授粉。雌蕊在培养基中培养 5~7 d 后，均授以当天开裂花药的花粉。可分别采用离体柱头授粉（在距子房顶部 0.2~0.3 cm 处将花柱及柱头切除）、离体子房授粉（将花柱及柱头全部切除）或离体胚珠授粉进。

6. 材料培养

离体授粉成功的标志是胚珠或子房在受精后能形成有生活力的种子。将授粉后的材料置于培养室培养，使受精后的胚发育完成并形成种子。授粉 30 d 后观察统计子房膨大数。

接种培养基：MS+ NAA 0.02 mg/L +酸水解酪蛋白 500 mg/L+6% 蔗糖（百合）；KM8P+ IBA 1.0 mg/L + ZT 1.5~2.0 mg/L + CH 800 mg/L+5%蔗糖（枣）。

7. 百合杂种胚挽救培养

授粉 40~50 d 后，从膨大蒴果中取出幼小种子，在 80× 体视显微镜下剥离出胚并接种在 MS+ 6-BA 0.1 mg/L 培养基上培养；培养基中添加酸水解酪蛋白 500 mg/L、6% 蔗糖、0.7% 琼脂，pH 值为 5.8；置于温度 22 ℃±2 ℃、光照强度 1800~2000 Lux、光照周期 13 h/d 条件下培养。

六、作业及思考题

1. 试述影响离体授粉受精的因素。

2. 简述植物离体授粉受精的应用价值。

实验 42　人工种皮的制备

一、实验目的

学习并掌握人工种皮制备的方法及操作技术。

二、实验原理

胚状体(体细胞胚胎)直接应用于生产时，必须包裹具有保护作用的人工种皮。人工种皮对于胚状体没有毒害，并且柔软、抗压，经得起种子生产中的压力、贮存和运输中的挤压以及适于机械播种的压力等。制备人工种皮采用的包裹材料主要包括褐藻酸钠、褐藻酸钠—明胶、角叉胶—刺槐豆胶等，通过凝胶与络合剂经过一段时间的络合，使人工种皮具有柔软性。凝胶与络合剂络合时间的长短对种皮硬度有很大影响。在包裹方法上，通常采用的有干燥包埋法、液胶包埋法、水凝胶法等。本实验使用褐藻酸盐(钙)作包膜，采用水溶胶法制备人工种皮。

三、实验用具及药品

1. 实验用具

超净工作台、吸管、烧杯、镊子、移液枪、尼龙网等。

2. 实验药品

褐藻酸钠、氯化钙。

四、实验材料

已诱导的胡萝卜种子。

五、实验方法及步骤

1. 称取褐藻酸钠 0.15 g 和 0.30 g，分别溶于 30 mL 蒸馏水中，加热溶解，配成浓度分别为 0.5% 和 1% 的褐藻酸钠溶液；称取氯化钙 1.665 g 加热溶解于 150 mL 蒸馏水中，配成浓度为 100 mmol/L 的氯化钙溶液，分装入 6 个三角瓶中，与蒸馏水以及玻璃漏斗一起灭菌 20 min。将上述溶液以及培养基、无菌水、移液管(带刻度)、滴管(带刻度)灭菌。

2. 取胡萝卜种子进行表面灭菌，在培养基上发芽后取其下胚轴和子叶进行接种，培养基是 MS+2,4-D 2 mg/L，诱导愈伤组织备用。

3. 将愈伤组织接种到液体培养基 MS+2,4-D 2 mg/L 中进行悬浮培养，每周继代培养 1 次，除去悬浮培养过程中的大的愈伤组织块，得到均匀的细胞系后，转入无植物生长调节剂的液体培养基上继续悬浮培养，获得大量胚状体。

4. 在超净工作台上，用直径为 2 mm 的无菌尼龙网过滤筛选大小均一的胚状体，直径介于 0.6~2 mm，悬浮于无菌 1/2MS+无菌褐藻酸钠溶液的培养基中。并用直径为 4~6 mm 的吸管将待包裹的胚状体放入凝胶滴中，让凝胶滴落入 100 mmol/L 的无菌氯化钙溶液中进行包衣和固化成球；对于较大的胚状体或其他培养材料也可放入褐藻酸钠液体中，用镊子或滴管将胚状体或其他培养材料直接移入 100 mmol/L 的无菌氯化钙中，均需要在氯化钙溶液中放置 20 min。

　　5. 包裹体在无菌水中洗 5 min。

　　6. 将包裹体转入培养基中，观察其离体培养和成苗情况。

六、作业及思考题

　　1. 试述人工种皮包裹的方法。

　　2. 简述研制人工种皮的意义。

实验 43　试管苗保存技术

一、实验目的

掌握植物试管苗保存的操作技术，掌握植物生长抑制剂和渗透压调节剂等在试管苗保存中的作用，理解培养基成分的改变、渗透压调节剂和生长抑制剂的添加等延长试管苗保存时间的原理。

二、实验原理

植物生长发育状况主要依赖于外界营养的供给，如果营养供应不足，植物就会生长缓慢。因此，在试管苗保存时，通过调整培养基成分，使其营养供给不足而导致生长停顿，能有效抑制试管苗的生长。另外，在培养中加入渗透压调节物和生长抑制剂也可以使试管苗缓慢生长，延长保存时间。在培养基中加入蔗糖、甘露醇、$CaCl_2$ 等高渗化合物，提高了培养基的渗透势负值，抑制了培养物对水分的利用使细胞吸水困难，新陈代谢减弱，从而起到延缓试管苗生长的作用。但是不同植物试管苗保存所需要渗透物质含量不一样。通常情况下，这些高渗化合物在保存早期对试管苗存活率影响不大，但随着时间的延长，对延缓试管苗生长，延长保存时间的作用更加明显。

三、实验用具及药品

1. 实验用具

电子天平、高压灭菌锅、光照培养箱、pH 计、振荡培养箱、超净工作台、量筒、烧杯、容量瓶、三角瓶、培养皿、镊子、剪刀、接种针、记号笔等。

2. 实验药品

MS 培养基、蔗糖、琼脂、ABA、CCC、$CaCl_2$、甘露醇、乙醇、84 消毒液、无菌水等。

四、实验材料

四季橘胚成熟果实。

五、实验方法及步骤

1. 四季橘胚培养试管苗

从四季橘成熟果实取出种子，用洗衣粉浸泡，洗掉种子上的黏液，并用自来水冲洗干净，移到无菌操作台。用 70%乙醇浸 30 s，10% 84 消毒液灭菌 30 min，无菌水浸洗 4 遍。表面灭菌后将种子放到培养皿中，用镊子和解剖刀剥离内外种皮，将成熟种子的珠心胚取出。接种于 1/2 MS+蔗糖 20 g/L+琼脂 7 g/L 的培养基中，每个广口瓶接种 3 枚胚，在

25 ℃ ± 2℃、光照强度 1200 Lux 条件下培养，定期观察并记录试管苗生长状态。约 4 周后，待瓶内苗高为 3~4 cm 左右时，将其用于实验。

2. 保存实验

（1）不添加任何生长抑制剂及高渗化合物的试管苗保存实验

继续观察上述胚培养苗生长状态，待培养基近乎完全失水时，往瓶内添加含有 3 g/L 琼脂的半液体 MS 空白培养基，保持培养基湿润。

（2）培养基中添加 ABA 和 CCC 的处理

将胚培养试管苗接种在上述使用的培养基的基础上，并分别做添加 0 mg/L、10 mg/L、15 mg/L 的 ABA 和 CCC 处理，各接种 20 瓶。

（3）加入不同浓度蔗糖的处理

将上述胚培养试管苗接种在琼脂浓度为 7 g/L 时，附加 10 g/L、20 g/L、50 g/L、80 g/L、110 g/L 的蔗糖的 1/2 MS 培养基上，各接种 20 瓶，探讨不同浓度蔗糖对四季橘试管苗离体保存的影响。

（4）加入不同浓度琼脂的处理

将上述胚培养试管苗接种在蔗糖浓度为 20 g/L 时，附加 2 g/L、4 g/L、6 g/L、8 g/L、10 g/L、14 g/L 的琼脂的 1/2 MS 培养基上，各接种 20 瓶，探讨不同浓度琼脂对四季橘试管苗离体保存的影响。

（5）添加不同浓度 $CaCl_2$、甘露醇和多效唑的处理

将上述胚培养试管苗接种在不含 $CaCl_2$ 的 1/2 MS 培养基上，然后在该培养基中添加不同浓度的 $CaCl_2$、甘露醇和多效唑。用 $L_9(3^4)$ 正交表设计（表 43-1），每瓶接 3 株，每种接 10 瓶，重复 3 次，探讨三种物质对四季橘试管苗离体保存的影响。

表 43-1　正交实验因子水平表

水平	$CaCl_2$/（g/L）	甘露醇/（g/L）	多效唑/（g/L）
1	0.22	0	0
2	0.44	15	0.5
3	0.88	30	1.0

3. 观察记录

观察记录试管苗的生长状况并统计其成活率。

六、作业及思考题

1. 加入不同的生长抑制剂或渗透压调节剂对试管保存的作用原理是什么？

2. 植物离体种质保存的方法有哪些？

实验 44　超低温冷冻保存种质

一、实验目的

了解超低温冷冻保存植物种质资源的原理并掌握基本的操作程序。

二、实验原理

超低温保存(cryopreservation)是指在–196℃（液氮温度）下保存生物材料，降低甚至完全抑制其生活力及基因变异，保持种质资源遗传稳定性的方法。该方法是目前唯一可行的、不需继代长期保存生物材料的方式。植物在超低温环境中，细胞内自由水被固化，仅剩下不能被利用的液态束缚水，酶促反应停止，新陈代谢活动被抑制，材料处于"假死"状态。在降温和升温过程中，没有发生化学组成的变化，而物理结构变化是可逆的，因此，保存后的细胞能保持正常的活性和形态发生潜力，且不发生任何遗传上的变异。

将离体培养的茎尖分生组织、愈伤组织、悬浮培养细胞、原生质体经冷冻防护剂处理，然后送入–196℃液氮超低温库内，进行超低温冷冻保存。常用的冷冻防护剂种类有甘油、甘露醇、脯氨酸、二甲基亚砜(DMSO)，使用浓度为5%~10%。这类冷冻防护剂属于相对分子质量低的中性物质。在水溶液中能强烈结合水分子，水合作用的结果使溶液的黏度增加。当温度下降时，溶液冰点下降，即冰的结晶中心增长速度下降，使水的固化程度减弱，因而对于降低培养基冰点和植物组织、细胞冰点起重要作用。冷冻防护剂的使用提高了培养基渗透压，导致细胞的轻微质壁分离，相对提高了组织细胞抗寒能力。二甲基亚砜除上述作用外，极易渗入细胞内部，可防止细胞在冷冻和融冰时，引起过度脱水而遭受破坏，起到保护细胞的作用。

三、实验用具及药品

1. 实验用具

超净工作台、高压灭菌锅、恒温水浴锅、蒸馏水器、酸度计、天平、酒精灯、解剖刀、剪刀、镊子、试管、三角瓶、烧杯、移液管、量筒、记号笔、脱脂棉、火柴、无菌滤纸、液氮罐和液氮、冻存管、分光光度计。

2. 实验药品

MS 基本培养基、琼脂、70%乙醇、6-BA、NAA、2,4-D、KT、DMSO、$AgNO_3$、甘油、乙二醇、三苯四唑氯化物(TTC)。

3. 培养基及保存溶液

(1)龙眼愈伤组织保存培养基

MS+ 2,4-D 1.0 mg/L + KT 0.5 mg/L +$AgNO_3$ 5 mg/L+蔗糖 20 g/L+琼脂 6 g/L，MS+ 2,4-D 1.0 mg/L +蔗糖 20 g/L +琼脂 6 g/L两种培养基交替培养。

（2）枸杞愈伤组织保存培养基

MS+6-BA 1 mg/L+NAA 1 mg/L+蔗糖 20 g/L+琼脂 6 g/L。

（3）愈伤组织化冻培养液

MS+蔗糖 1.2 mol/L。

（4）PVS_2 保存溶液

MS+蔗糖 0.4 mol/L+30%甘油+15% 乙二醇+15%DMSO。

（5）$2PVS_2$ 保存溶液

0.15 mol/L 蔗糖液体培养基+PVS_2 溶液，体积比为 40∶60。

（6）杨树再生培养基

MS+BA 1.0 mg/L+NAA 0.3 mg/L+0.6%琼脂+3%蔗糖。

四、实验材料

杨树茎尖，龙眼、枸杞的愈伤组织等。

五、实验方法及步骤

1. 准备工作

（1）配制冷冻剂

1/2MS+甘油 300 g/L+二甲基亚砜 150 g/L+蔗糖 0.4 mol/L，并预先进行灭菌处理。

（2）配制过渡液

取上述冷冻剂 20 mL，加水到 80 mL，稀释后为过渡液，也预先进行灭菌处理。

（3）灭菌

冷冻剂、过渡液、1/2MS 空白培养基、1 盒枪头、1 包 Eppendorf 管、10 瓶无菌水。

2. 预培养

培养 3~4 周，加速传代以提高分裂细胞的比例。在培养基中添加甘露醇、蔗糖等提高培养基渗透压，以提高组织和细胞的渗透压来增强抗寒力。

3. 冷处理

取以上经过低温预培养的继代保存 15~20 d 的待保存茎段或胚性愈伤组织，移入 1.8 mL 超低温保存专用的冻存管中，每管放入约 0.3 g 材料。于常温下用 60%玻璃化保存溶液 $2PVS_2$ 装载 30 min；再于 0 ℃下用玻璃化保存溶液 PVS_2 平衡 60 min；移去 PVS_2 溶液，加入新鲜的 PVS_2 保护剂；迅速将冷冻管投入液氮中保存；每一处理重复 3 次。

4. 解冻

采用迅速解冻法，将贮藏在液氮中的材料取出，在 35~40 ℃温度范围的水浴条件下迅速解冻，以避免组织和细胞脱水死亡。

5. 去装载

当冻存管中的冰刚化冻时，弃 PVS_2，加入愈伤组织化冻培养液，轻轻摇动冻存管，弃培养液，再用同样培养液洗涤 2 次，每次 10 min。洗涤后的培养物用于恢复生长培养。

6. 再培养

化冻后的培养物接种到杨树、龙眼或枸杞的保存培养基上，于黑暗中恢复生长，1 周后利用 TTC 染色法观察超低温保存后的培养物恢复生长状况。

六、作业及思考题

1. 除了超低温冷冻法之外，还有哪些种质资源保存方式？
2. 请介绍利用超低温冷冻保存种质资源的意义。
3. 试分析提高超低温保存细胞存活率的影响因素。

实验 45　叶片再生实验

一、实验目的

学习并掌握叶片再生的方法与基本操作技术。

二、实验原理

植物的器官发生是指离体植物器官、组织或细胞在组织培养条件下形成不定芽、根、花等器官的过程。一般有两种途径：一是先诱导外植体愈伤组织发生，再经愈伤组织诱导分化不定芽等的间接器官发生；二是不经过愈伤组织阶段，直接从外植体上诱导产生不定芽的直接器官发生。植体的茎、叶、根、花瓣、子叶等外植体均可诱导不定芽发生，叶片再生是常用的器官发生途径之一。受伤的外植体叶片在无菌条件以及生长调节物质的作用下可再生不定芽，并最终形成完整植株。

三、实验用具及药品

1. 实验用具

超净工作台、镊子、剪刀、高温消毒器、电磁炉、试管、培养皿等。

2. 实验药品

已准备好的培养基。

四、实验材料

杨树'北林雄株 1 号'和'北林雄株 2 号'叶片。

五、实验方法及步骤

1. 利用白杨杂种三倍体'北林雄株 1 号'和'北林雄株 2 号'半木质化嫩枝建立无菌培养体系。

2. 在上述无菌培养体系的条件下，进行增殖培养和持续继代培养，获得较多的试管苗，用于下一步试验。

3. 选取生长旺盛的'北林雄株 1 号'和'北林雄株 2 号'无菌苗顶芽下 2~3 片叶作为材料，用剪刀在垂直于主脉的方向平行剪切 2~3 刀，伤口长度以剪过叶片主脉为宜，不要剪断整个叶片。

4. 将剪切的'北林雄株 1 号'叶片水平接种在 MS+BA 0.2 mg/L+NAA 0.1 mg/L+TDZ 0.005 mg/L+0.6%琼脂+3%蔗糖培养基上进行培养(如果有条件也可以进行对比筛选试验，设计三因素三水平试验：BA 0.2 mg/L、0.5 mg/L、0.8 mg/L；NAA 0.05 mg/L、0.1 mg/L、0.2 mg/L；TDZ 0.005 mg/L、0.01 mg/L、0.015 mg/L)。重复 3 次，每处理接

种 15 个叶片。

5. 将剪切的'北林雄株 2 号'叶片水平接种在 MS+BA 1.0 mg/L+NAA 0.05 mg/L+ZT 1.2 mg/L+0.6%琼脂+3%蔗糖培养基上进行培养(如果有条件也可以进行对比筛选试验,设计三因素三水平试验:BA 0.8 mg/L、1.0 mg/L、1.2 mg/L;NAA 0.05 mg/L、0.1 mg/L、0.15 mg/L;ZT 1.0 mg/L、1.2 mg/L、1.4 mg/L)。重复 3 次,每处理接种 15 个叶片。

6. 叶片在培养基中的接种方式可以选择两种方式放置:一种为叶片正面接触培养基表面;另一种是叶片背面接触培养基表面。

7. 封好瓶(皿)口,做好标记,放入培养室进行培养、观察。

六、作业及思考题

1. 观察接种后叶片的变化情况并进行记录。

2. 叶片培养诱导不定芽必经愈伤组织阶段吗?

实验 46 植物遗传转化

一、实验目的

了解根癌农杆菌介导法的基本原理和一般步骤；掌握遗传转化的基本操作技术。

二、实验原理

植物遗传转化体系的建立可以通过农杆菌介导法、基因枪转化法、聚乙二醇介导法、电击法、显微注射法以及花粉管通道法等。其中，根癌农杆菌介导法是最普遍使用的一种方法，其 Ti 质粒具有将 DNA 整合到植物染色体上，并使之与植物内源基因同步表达的能力。因此，通过将含有目的基因的农杆菌与待转化植物材料的共培养，经过抗生素等的筛选后，可获得转基因植物。

三、实验用具及药品

1. 实验用具

超净工作台、三角瓶、广口瓶、无菌培养皿(带滤纸)、镊子、剪刀、荧光显微镜。

2. 实验药品

农杆菌(含有 GFP 基因)、已经准备好的 MS 培养基、YEP 固体和液体培养基(加有抗生素)。

预先配制含卡那霉素、头孢霉素等抗生素的再生培养基：MS+BA 1.0 mg/L+NAA 0.3 mg/L+0.6%琼脂+3%蔗糖。

四、实验材料

杨树的组培苗叶片。

五、实验方法及步骤

1. 配制 YEP 固体和液体培养基

固体平板培养基成分为每配 100 mL 含 NaCl 0.5 g，酵母 1 g，水解酪蛋白 1 g，琼脂 1.5 g，pH7.0；液体培养基去掉琼脂即可。两种培养基均需要加入抗生素。

2. 农杆菌质粒的保存

构建好的农杆菌质粒以划线的方式接种在 YEP 固体平板培养基上，待长出单菌落后，摇菌或保存于冰箱中，一个月换一次培养基，保证菌种正常生长，每月均采取划线方法接种保存。

3. 摇菌

用灭菌的牙签或火柴棍等挑取单菌落，将带有单菌落的牙签或火柴棍等一起放入上述含有抗生素的 YEP 液体培养基中，于 28 ℃下，置于摇床上摇菌 16~18 h (180~200 r/min)，直至其 $OD_{100}>0.5$。一般是当天下午开始摇菌，次日早晨或上午即可。

4. 接种培养

将杨树的组培苗叶片垂直于叶脉剪切直至主脉，平行剪切 2~3 刀，接种到无抗生素的再生培养基上预培养 2~3 d。在超净工作台上将预培养的叶片置于菌液中 15~20 min。用滤纸吸干多余的菌液，接种在无抗生素的再生培养基上共培养 2 d。随后转接到含有抗生素的培养基中继续培养，进行抗性材料的筛选培养。

5. 结果观察

将筛选得到的抗性材料放到荧光显微镜下进行观察。

六、作业及思考题

1. 植物遗传转化体系的建立都有哪些方法？
2. 如何进行农杆菌介导的遗传转化？

实验 47　基因枪法转化黑穗醋栗

一、实验目的及意义

本实验以黑穗醋栗为实验材料，通过基因枪法转化目的基因，使学生了解基因枪法的基本原理和一般步骤；掌握遗传转化的基本操作技术。

二、实验原理

基因枪法（particle gun）又称微弹轰击法（microprojectile bombardment，particle bombardment and biolistics）。最早由美国康奈尔大学的 Sanford 等（1987）研制出火药引爆的基因枪。1987 年 Klein 等首次以洋葱表皮细胞为材料，以钨粉为子弹，将 DNA 或 RNA 导入表皮细胞，发现外源基因能够表达，证明此方法可以实现外源基因的遗传转化。

其基本原理是将外源 DNA 包被在微小的金粒或钨粒表面，然后在火药爆炸、高压气体或高压放电等高压的作用下，将微粒射入受体细胞或组织、同时，外源 DNA 随机整合到寄主细胞的基因组上并表达，从而实现外源基因的转移。

基因枪转化植物的特点：①无宿主限制，能转化任何受体植物，特别是那些由原生质体再生植株较为困难和农杆菌感染不敏感的单子叶植物；②靶受体类型广泛，能转化植物的任何组织或细胞；③操作简便快速。

三、实验用具及药品

1. 仪器设备和用具

PSD-1000/He 型基因枪、高压灭菌锅、离心机、培养皿、Eppendorf 管等。

2. 菌株与质粒

大肠杆菌菌株 DH5α、质粒 PC7E12（含 *OS CDPK7* 基因）、PBME12（含 *OS MAPK4* 基因）。

3. 化学试剂

70%乙醇、无水乙醇、无菌重蒸水、2.5 mol/L CaCl$_2$ 溶液（过滤灭菌）、0.1 mol/L 亚精胺溶液（过滤灭菌）、卡那霉素（Kanamycin，Kan）。

四、实验材料

以黑穗醋栗品种'布劳德'休眠芽茎尖和无菌苗茎尖为转化的外植体。

五、实验方法及步骤

1. 卡那霉素筛选浓度的确定

首先进行初筛选：将茎尖接种到含卡那霉素浓度 0 mg/L、25 mg/L、50 mg/L、75 mg/L、

100 mg/L 的芽诱导培养基上进行培养，10 d 继代一次，3 周后统计分化结果。根据初筛选结果设置第二次卡那霉素浓度梯度，确定最佳的筛选浓度。

2. 参数设置

基因枪为 PDS-1000/ He 型高压氦气基因枪，金粉直径 1.0 μm，金粉用量 60 μg/枪，飞行距离 12 cm，气压 1100 psi。基因包被与轰击参数参照基因枪说明书。茎尖分生组织轰击时，应垂直放置于培养皿中，与子弹飞行方向平行。

3. 转化程序

(1)质粒提纯

对质粒 PC7E12(含 OS CDPK7 基因)和 PBME12(含 OS MAPK4 基因)进行提取与纯化，用分光光度计测浓度与纯度。

(2)外植体预培养

切取黑穗醋栗茎尖，接种在分化培养基上预培养 3~5 d 后用于转化。

(3)微弹制备

3 mg 金粉经无水乙醇消毒后，悬浮于 50 μL 无菌水中，依次加入 5 μL 1μg/μL 的 DNA，20 μL 0.1 mol/L 亚精胺，50 μL 2.5 mol/L 的 $CaCl_2$，充分混匀，离心，沉淀重悬于 60 μL 无水乙醇中。

(4)轰击

采用 PDS-1000/He 型高压氦气基因枪轰击。取 9 μL 微粒悬液滴加在载样膜上，对靶材料进行轰击，每皿材料轰击一次。

(5)过渡培养

轰击后的材料在无选择压的培养基上培养一周后再筛选。

(6)筛选和再生

过渡培养 7 d 后的材料直接用适宜浓度的卡那霉素筛选，从分化、继代直到生根。

4. 筛选抗性植株

(1)卡那霉素筛选浓度的确定

①卡那霉素对黑穗醋栗茎尖分化的影响　首先进行初筛选：将外植体接种到含卡那霉素浓度 0、25 mg/L、50 mg/L、75 mg/L、100 mg/L 的生根培养基上进行培养，统计生根结果。根据初筛选结果设置第二次卡那霉素浓度梯度，确定最佳的筛选浓度。

②卡那霉素对黑穗醋栗试管苗生根的影响　首先进行初筛选：将外植体接种到含卡那霉素浓度 0、25 mg/L、50 mg/L、75 mg/L、100 mg/L 的生根培养基上进行培养，统计生根结果。根据初筛选结果设置第二次卡那霉素浓度梯度，确定最佳的筛选浓度。

(2)转化体的筛选和抗性植株再生

轰击材料过渡培养 7 d 后，放在含有卡那霉素的分化培养基上进行筛选培养，获得具有卡那霉素抗性的不定芽。将获得的具有卡那霉素抗性的不定芽继续在适宜浓度卡那霉素的筛选培养基上进行继代培养。待抗性芽长至 3 cm 左右高时，将其转至生根培养基上进行二次筛选，获得抗性植株。待根系发出后进行驯化移栽。

5. 转基因植株的 PCR 检测

分别以质粒 pBC7E12(含 OS CDPK7 基因)和 pBME12(含 OS MAPK4 基因)为阳性对

照，未转化株 DNA 为阴性对照，无菌水代替模板 DNA 为负对照，以抗性植株总 DNA 为模板，分别用 *OS CDPK7* 基因和 *OS MAPK4* 基因序列的引物进行 PCR 检测。

六、注意事项

1. DNA 微弹的制备、装枪、枪击及受体材料培养等操作均在无菌条件下进行。

2. 亚精胺最好现用现配，也可-20 ℃保存，但保存时间不能超过30 d，否则会发生降解，影响转化效率。

3. 在 DNA 微弹轰击时，阻挡板和靶细胞载物台之间的距离要根据受体材料类型、状态和厚度等因素确定。

七、作业及思考题

1. 影响基因枪转化的关键因素有哪些？

2. 在制备微弹时，金粉或钨粉的颗粒大小对转化效率有没有影响？

3. 在 DNA 微弹轰击时，阻挡板和靶细胞载物台之间的距离对转化效率有没有影响？

实验 48　花粉管通道法介导桃树基因转化

一、实验目的

本实验以桃为实验材料，通过花粉管通道法转化目的基因，了解花粉管通道法的基本原理和一般步骤；掌握花粉管通道法的基本操作技术。

二、实验原理

花粉管通道法是由我国学者周光宇等 1983 年建立并在长期科学研究中发展起来的，已在多种植物中获得成功。

花粉管通道转化法的基本原理是利用植物授粉过程中，花粉在雌蕊柱头上萌发形成的花粉管通道，将外源 DNA 液用微量注射器注入花中，经珠心通道，将外源 DNA 携带入胚囊而实现外源基因转移的方法。植物在双受精完成后，受精卵细胞的初次分裂需要充分的物质和能量积累。此时期的细胞尚不具备完整的细胞壁和核膜系统，细胞内外的物质交流频繁，通过花粉通道渗透进入胚囊的外源片段有可能进入受精卵细胞，达到遗传转化目的。利用花粉管通道法导入外源基因通常采用微注射法、柱头滴加法和花粉粒携带法等方法。采用花柱横切滴加法注射，在切口处用 5 μL 的移液枪滴加 DNA 溶液，分 2 次进样，每朵花注射 6~8 μL。

同载体转化系统和直接转化系统相比，花粉管通道法有效地利用了植物自然生殖过程，避开了植株再生的难题，具有操作简单、方便、快速的特点。此法的局限性在于只能用于开花植物的遗传转化，且只有在开花期才可以进行。

三、实验用具及药品

1. 实验用具

超净工作台、控温摇床，高压灭菌锅、紫外分光光度计、电子天平、台式离心机、PCR 仪、电泳仪、微量移液器(枪)，(低温)冰箱、注射器、Eppendorf 管等。

2. 实验药品

(1) 常规试剂：70%乙醇、无水乙醇、无菌重蒸水、10 mmol/L Tris-HCl、1 mmol/L EDTA、3 mol/L NaCl、0.3 mol/L 柠檬酸三钠。

(2) 抗生素：卡那霉素(Kanamycin，Kan)或潮霉素(Hygromycin，Hyg)。

(3) 酶及分子检测试剂。

(4) Taq DNA 聚合酶、DNA 分子质量标记、DNA 回收试剂盒、T4DNA 连接酶、各种限制性内切酶和反转录 PCR 试剂盒、地高辛 Southern 杂交试剂盒、Hybond TMN⁺ 尼龙膜等。

(5) TE 缓冲液：10 mmol/L Tris-HCl，1 mmol/L EDTA(乙二胺四乙酸二钠)，pH 8.0,

高压湿热灭菌，4 ℃保存备用。

(6) 20×SSC 缓冲液：3 mol/L NaCl，3 mol/L 柠檬酸三钠，pH 7.0。

四、实验材料

1. 受体材料

油桃品种'曙光'。

2. 供体 DNA

供转导的外源基因为含有 phellsgate8-ACO RNAi 质粒的基因。

五、实验方法及步骤

1. 制备供体 DNA

将从供体植物中提取的基因组 DNA 或从大肠杆菌、农杆菌中提取的质粒 DNA 纯化，以基因组 DNA 或质粒的形式制备 DNA 导入液；也可以将基因组 DNA 或质粒 DNA 酶切，以 DNA 片段形式制备 DNA 导入液。

植物基因组 DNA 的提取方法及大肠杆菌、农杆菌中质粒 DNA 的提取及纯化方法参照《分子克隆实验指南》第三版。

DNA 导入液的制备：将纯化后的植物基因组 DNA，大肠杆菌、农杆菌中质粒 DNA 或酶切 DNA 片段用 TE 缓冲液或 1×SSC 溶液溶解制备 DNA 导入液，DNA 浓度为 50~100 μg/mL，备用。

2. 转化受体材料的准备

对当天即将开放的花蕾去雄，人工授粉，将授粉后 12 h、24 h、36 h、48 h、72 h、96 h、120 h、144 h 的花柱用刀片从花柱基部切除。立即用 FAA 固定液 (70%乙醇∶乙酸∶福尔马林=90∶5∶5) 固定、备用，每处理 20 根花柱以上。将固定在 FAA 液中的花柱转入 1 mol/L 的 NaOH 溶液中，在 70 ℃条件下软化 30 min 后用清水冲洗，再在 0.1%水溶性苯胺蓝溶液中染色 12 h，把染色后的花柱放在载玻片上用盖玻片轻轻压平，在荧光显微镜下观察花粉萌发及花粉管在花柱中的生长情况，确定花粉管到达花柱底部最多所需的时间，从而确定转化的最佳注射时间。

3. 供体 DNA 导入受体

供体 DNA 注射：在人工授粉后 144 h，切除花柱(与子房交接处)，参照冯莎莎、申家恒等的方法采用花柱横切滴加法注射，在切口处用 5 μL 的移液枪滴加 DNA 溶液，分 2 次进样，每朵花注射 6~8 μL。转化前用无菌水将供体 DNA 稀释成 0 mg/L、0.05 mg/L、0.1 mg/L、0.2 mg/L、0.4 mg/L、0.8 mg/L，以未切除花柱的作空白对照，各处理 200 朵花。挂牌、套袋，抹去未处理的花，一周后摘袋，每周统计坐果率及果实生长情况。

4. 转基因植株的检测

运用胚培养技术，对坐果 60 d 后的处理果进行离体培养，对胚培苗进行基因检测，计算其转化率。

六、注意事项

1. 供体 DNA 注射前，剥花动作要轻，尽量减少损伤，减少落果率。

2. 实验中使用的溶液和器械(如注射器)均要灭菌，以免影响转化效率。

七、作业及思考题

1. 为什么通过花粉管通道可以进行基因转移？
2. 花粉管通道法导入外源 DNA 的影响因素有哪些？

实验 49 转基因植株基因组 DNA 的提取

一、实验目的

掌握转基因植株基因组 DNA 的提取方法。

二、实验原理

植物细胞中 DNA 主要存在于细胞核内，称核 DNA 或染色体 DNA，细胞质中含有少量的 DNA，分布在线粒体和叶绿体内。植物细胞内的各种 DNA 总称为总 DNA。核 DNA 分子呈极不对称的线状结构，一条染色体为一个 DNA 分子。高等植物的核 DNA 约为 10^9 bp，如此细长的分子对任何机械力的作用都十分敏感。在 DNA 提取过程中，DNA 分子的降解很难避免，因此提取得到的只是 DNA 分子的片段。植物 DNA 的提取常用以下两种方法：

(1)SDS(十二烷基硫酸钠)法

高浓度的 SDS 在较高温度下(55~65 ℃)裂解细胞，破坏蛋白质与 DNA 的结合，使 DNA 释放出来，通过酚和氯仿抽提去除蛋白质、脂质、多糖等，通过 RNase A 消化去除 RNA，最后用乙醇沉淀 DNA。该法操作简便，能满足大多数实验需要。

(2)CTAB(十六烷基三乙基溴化铵)法

CTAB 是一种去污剂，可溶解细胞膜并能与核酸形成复合物，该复合物在高盐浓度(0.7 mol/L NaCl)中是可溶的，通过离心就可将复合物同变性的蛋白质、多酚、多糖杂质(沉淀项)去除，水相中含有核酸与 CTAB 的复合物及其他可溶性的杂质，直接向水相中加入预冷的异丙醇则导致核酸的沉淀，CTAB 和其他多数杂质留于异丙醇与水的混合相中，分离 DNA 沉淀并经 70%乙醇漂洗后溶于 TE(或纯净水)得到 DNA 的粗提物。

用于精细 PCR、Southern 杂交和 DNA 文库构建的 DNA 则应进一步纯化。用 RNase 水解 RNA，用酚、氯仿、异戊醇和氯仿、异戊醇抽提去除蛋白杂质等，经乙醇沉淀后可获得较为纯净的植物总 DNA。

该法可以通过高盐缓冲液的选择型沉淀很好地去除材料中的多酚及糖类杂质，得率高，质量好，用于 PCR、Southern 杂交、分子标记、DNA 文库构建等。

三、实验用具及药品

1. 实验用具

高速离心机、水浴锅、移液枪、冰箱、电泳槽、电泳仪、分光光度计、凝胶成像系统、研钵、液氮、各种型号灭菌枪头、Eppendorf 管。

2. 实验药品

(1)SDS 提取液

100 mmol/L   Tris-HCl(pH 8.0)

2.5%(v/v)	巯基乙醇
500 mmol/L	NaCl
20 mmol/L	EDTA
1.5%	SDS

（2）CTAB 抽提液

2%(w/v)	CTAB
100 mmol/L	Tris-HCl(pH 8.0)
20 mmol/L	EDTA(pH 8.0)
1.4 mol/L	NaCl

注：抽提含多酚较多的植物材料时，上述抽提液中可另加入2%的PVP（聚乙烯吡咯烷酮）；抽提液于室温保存，可在几年内保持稳定。临用之前向装有上述抽提液的试管中加入2%～3%(v/v)的β-巯基乙醇。

（3）醋酸钠

3 mol/L	NaAc

用冰醋酸调 pH 值至 4.8～5.2。

（4）TE 溶液

100 mmol/L	Tris-HCl
1.00 mmol/L	EDTA

调 pH 值至 8.0。

为防止 DNase 的降解作用，提取使用的各种器具及溶液均应经过高温湿热灭菌。

（5）5×TBE 电泳缓冲液（pH 8.3）

使用时稀释为 0.5×TBE，4 ℃保存备用。

（6）溴化乙锭（EB）显色液

先用电泳缓冲液配制 1 mg/mL 母液，临用前，用电泳缓冲液稀释。一般使用浓度为 1 mg/mL，避光保存。

（7）其他

琼脂糖、DNA Marker DL2000。

四、实验材料

转基因植株叶片或细胞等。

五、实验方法及步骤

1.SDS 法

①取一小块植物新鲜叶片或一些细胞置于研钵中进行研磨，放入 1.5 mL 的 Eppendorf 管中，加 600 μL SDS 抽提液。

②60 ℃水浴 30 min，经常颠倒混匀。

③加 350 μL 饱和酚[Tris-HCl(pH 8.0)饱和，吸取下层]、350 μL 氯仿：异戊醇（24：1），轻轻混匀，4 ℃静置 5 min 至分层[所用的酚是经 Tris-HCl(pH 8.0)饱和的，使用时吸

取下层]。

④室温下 12 000 r/min 离心 10 min。

⑤吸取上清液(约 450 μL)，加 450 μL 的冰乙醇(-20 ℃储存)，充分混匀，室温静置至 DNA 析出(吸取上清时，避免吸到沉淀层，如果操作不够熟练，宁可少吸一点也要保证吸取到的上清的纯度)。

⑥室温下 12 000 r/min 离心 10 min。

⑦用 70% 的乙醇清洗 2 次，稍离心，吸净残余乙醇，室温放置 10 min，使乙醇挥发完全(第一次冲洗时可不将 DNA 沉淀打起，只是冲洗沉淀表面及管壁，第二次冲洗时要用枪头将 DNA 沉淀打起来)。

⑧加 1 μL RNase、50 μL TE(pH 8.0)，混匀，离心后置 37 ℃水浴 30~40 min，离心。

⑨吸取上清液(约 35 μL)到新 EP 管中，-20 ℃保存。

2. CTAB 法

(1) DNA 的粗提

①向 10 mL 离心管中预先加入 5 mL CTAB 抽提液及相应量的 β-巯基乙醇，65 ℃预热(巯基乙醇可以打断多酚氧化酶的二硫键，保护酚类物质不被氧化，从而保护核酸不被降解。EDTA 可以螯合二价离子，而后者是 DNA 酶的活性所必需的，从而抑制 DNA 酶的活性)。

②取约 1 g 的植物材料用液氮磨成粉末，迅速转入该 10 mL 离心管中，颠倒混匀。

③于 65 ℃水浴 45 min，中途间隔(轻柔)振荡 3 次混匀。

④冷至室温后加入等体积(5 mL)氯仿:异戊醇(24:1)，轻柔颠倒混匀使其乳化 10 min。

⑤10 000 r/min 离心 10 min(18~20 ℃)。

⑥吸取上清液(4~5 mL)于另一干净的 10 mL 离心管中(根据需要可用氯仿:异戊醇如上法重复抽提一次；吸取上清时一定不要打破沉淀层)。

⑦吸取上清加入与上清液等体积(4~5 mL)且已于-20 ℃预冷的异丙醇或无水乙醇，颠倒混匀，室温放置 15 min 至白色絮状沉淀出现(若没有沉淀出现则加入上清液 1/10~1/5 体积的 pH 4.8~5.2 的 $3×10^6$ NaAc，混匀，于-20 ℃冰箱中沉淀 30 min)。

⑧用玻璃钩子挑出 DNA(或用被剪去尖端的 1.5 mL Tip 头吸住 DNA 沉淀团)，放入盛有 1 mL 70% 乙醇的 1.5 mL Eppendorf 管中(若无法直接挑取时用离心法沉淀 DNA)。

⑨用 70% 乙醇漂洗 DNA 沉淀，用 Tip 头吸干乙醇。

⑩用 1 mL 70% 乙醇漂洗一次。

⑪用无水乙醇漂洗一次。

⑫沉淀于室温或 60 ℃以下的恒温箱中干燥片刻至刚出现半透明(不要过度干燥)。

⑬用 500 μL TE 溶解沉淀，可用 65 ℃水浴助溶，得 DNA 粗提物，可用于 PCR 等。

(2) DNA 的纯化

①向 TE 溶解的 DNA 粗提物中加入 4~10 μL RNaseA(40~100 μg)。

②于 37 ℃酶解 RNA 1 h 或 65 ℃酶解 RNA 30 min 以上。

③10 000 g 常温离心 10 min，吸取上清液。

④加入 500 μL 酚：氯仿：异戊醇(25：24：1)，轻轻颠倒混匀 10 min。

⑤10 000 g 以上常温离心 10 min，吸取上清液。

⑥加入 500 μL 氯仿：异戊醇(24：1)轻轻颠倒 10 min。

⑦10 000 g 以上常温离心 10 min，吸取上清(根据需要可重复用氯仿：异戊醇如上法再抽提 1~2 次，以充分去除蛋白和酚)。

⑧向上清中加入 1/10~1/5 体积的 pH 值 4.8~5.2 的 3 mol/L NaAc，并加入 2.5 倍体积无水乙醇，于-20 ℃沉淀 30 min 以上。

⑨12 000 g，4 ℃低温离心 10 min，吸干液体。

⑩沉淀用 70%乙醇 500 μL 漂洗二次。

⑪沉淀于室温或 64 ℃以下恒温箱中干燥片刻至刚开始出现半透明状，勿过度干燥。

⑫加入 100~200μL 重蒸水溶解 DNA，可于 65 ℃水浴助溶。

⑬取 5 μL DNA 电泳检查 DNA 的质量。

⑭100~500 倍稀释后于分光光度计上测定 OD_{260} 及 OD_{280}，分析 DNA 的浓度和质量。

⑮保存 DNA-20 ℃(DNA 样品的保存应避免引起磷酸二酯键断裂的因素，如重金属、苯酚、醚氧化物及辐射引起的自由基等，还要避免紫外线照射 320 nm 波长的紫外线会引起 DNA 交联，260 nm 紫外线会造成 TT 二聚体)。一般可溶于 TE 或纯水于 4 ℃或-20 ℃保存)。

3. 琼脂糖凝胶电泳

①加 50 mL TAE 或 TBE 缓冲液于三角瓶中。

②称取 0.5 g 琼脂糖，于微波炉中加热至完全融化(要回收条带时，最好使用进口琼脂糖)。

③冷却至 60 ℃左右。

④加 EB 至终浓度为 0.5 μg/mL，轻轻混匀(EB 为剧毒物质，操作请戴手套)。

⑤轻缓倒入封好两端和加上梳子的电泳胶板中，静置冷却 30 min 以上(倒胶时动作要轻缓以防产生气泡，万一产生气泡，可用移液枪头赶掉)。

⑥将胶板放入电泳缓冲液(TAE 或 TBE)中，轻轻拔去梳子，即可上样、电泳。

⑦电泳结束后，将凝胶放入凝胶成像系统中进行照相分析。

六、实验结果

1. 抽提到的植物总 DNA 在凝胶电泳检测时应呈现涂抹片状(即 smear 状)，这是因为植物总 DNA 在抽提过程中降解成长短不一的均匀分布的片段所致。

2. 纯的 DNA 溶液其 OD_{260}/OD_{280} 应为 1.8，如果大于 1.9，表明有 RNA 污染，小于 1.6 表明有蛋白质或酚污染。OD_{260}/OD_{230} 应大于 2.0，如小于 2.0，表明溶液中有残存的盐及小分子杂质(如核苷酸、氨基酸、酚等)。

3. DNA 的浓度可利用紫外分光光度法进行测定，对于双链 DNA，$OD_{260}=1.0$ 时溶液浓度为 50 μg/mL。DNA 样品浓度(μg/μL)等于 $OD_{260} \times N$(样品稀释倍数) $\times 50/1000$。一般稀释 100~1000 倍。

七、注意事项

1. 当植物材料表面或内部含有较多水分时，液氮冷冻会形成冰晶而妨碍研磨，所以在液氮冷冻之前，用滤纸吸干植物材料表面的水分。对于含水量高的新鲜植物材料，如某些植物叶片、疏松的愈伤组织，冷冻前要用乙醇擦拭，使之部分脱水。

2. 研磨使用的器皿(包括药匙)需在液氮中预冷，研钵只能使用陶瓷的，而不能用玻璃的。要保证研磨的全过程均在冷冻状态下进行，不允许材料在加入提取缓冲液之前融化。

3. 为最大限度地避免 DNA 降解，提取过程中各种操作均应温和地进行，避免剧烈振荡，不可用反复吸打的方法助溶 DNA 沉淀。

4. EB 有毒，要严格执行防护措施，如有条件可用 Goldview(GV)代替。

八、作业及思考题

1. DNA 提取的原理是什么？

2. DNA 提取过程 CTAB、EDTA、氯仿、饱和酚和乙醇的作用是什么？

3. DNA 抽提过程中应注意哪些方面？

4. 记录转基因植物 DNA 提取电泳图片，并分析 DNA 提取质量。

5. 计算所提取的 DNA 的含量和纯度。

实验 50　转基因植株 PCR 鉴定

一、实验目的

掌握 PCR 技术的基本原理和操作；了解扩增过程中各因素对扩增结果的影响。

二、实验原理

聚合酶链式反应（PCR），即通过引物延伸核酸的某一区域而进行的重复双向 DNA 合成。PCR 的原理是以单链 DNA 为模板，4 种 dNTP 为底物，在模板 3′端有引物存在的情况下，用酶进行互补链的延伸。多次重复的循环能使微量的模板 DNA 得到极大程度的扩增。由于 PCR 在分子克隆和 DNA 分析中具有许多广泛的用途，特别是近年来迅速出现了许多以 PCR 为基础的新技术，因此，学习并尽快掌握这一门常规技术是十分必要的。影响 PCR 反应的因素主要在于两个方面：①引物的合理设计；②PCR 反应体系及反应条件的优化。

进行转基因植株分子检测时，以目的基因为引物，以转基因植物基因组 DNA 为模板进行体外扩增。通过对扩增产物电泳分析，若测定植株含有目的基因扩增产物，则为转基因植株，否则为非转基因植株。PCR 方法简单、快捷，可用于检测外源目的基因是否转入到植物基因组中。

三、实验用具及药品

1. 实验用具

PCR 扩增仪、移液枪、灭菌枪头、Eppendorf 管、电泳仪、电泳槽、凝胶成像系统等。

2. 实验药品

Tap DNA 聚合酶、$10 \times$ PCR buffer、25 mmol/L $MgCl_2$、0.225 mmol/L dNTPs、10 μmol/L 引物、模板 DNA 分子（0.1~2 μg/μL）、MiniQ H_2O。

四、实验材料

转基因植物 DNA 或质粒。

五、实验方法及步骤

1. 反应体系

在 50 μL 反应体系中分别加入：

MiniQ H_2O	37.5 μL
$10 \times$PCR buffer	5 μL
25 mmol/L $MgCl_2$	3 μL

10 mmol/L dNTP mix	1 μL
引物 1（10μmol/L）	1 μL
引物 2（10μmol/L）	1 μL
Taq（2 to 5 units/g1）	0.5 μL
模板（cDNA）	1 μL

终体积为 50 μL。

注意：如果只是普通的检测，而无须回收时，则 25 μL 的反应体系即可（上述体系中的各成分相应减半）。

2. PCR 反应程序

短暂离心混匀后，放入 PCR 仪中，反应程序如下：

①94 ℃	3~5 min
②94 ℃	1 min
58 ℃	1 min
72 ℃	1.5 min
30~35 个循环	
③72 ℃	7~10 min
④4 ℃	保存

3. 结果记录

反应完成后，将 PCR 产物用 1% 琼脂糖凝胶电泳进行检测，并拍照记录实验结果。

六、注意事项

1. PCR 扩增实验中必须严格操作，杜绝所有可能的 DNA 痕量污染，并同时设置阴性参照（即同样的反应体系和条件下不加模板而进行 PCR，来检测反应体系是否被污染）。

2. PCR 反应条件依模板及引物不同而不同，具体扩增的反应条件需要通过实验来摸索和优化，从而建立最佳条件。

3. 推荐采用热启动策略（模板 94 ℃ 充分解链后，一般 94 ℃ 保持 3 min 即可，再加入酶以减少非特异扩增现象的发生），以提高反应的特异性。

a. *Tap* 酶要最后加入反应体系。酶极易失活，应该在冰盒中操作，用完及时放回冰箱；

b. PCR 中尽可能使用高质量的水如 MiniQ H_2O；

c. 引物浓度不宜过高（一般使用浓度为 10 μmol/L），否则易形成引物二聚体，同时还可能会导致非特异性产物的扩增；

d. 新合成的引物，稍加离心后，用 MiniQ H_2O 配成高浓度的母液，并取部分配成 10 μmol/L 的工作液。

七、作业及思考题

1. 简述 PCR 技术的基本原理。PCR 反应液中有哪些成分？各有什么作用？

2. 记录分析转基因植物目的基因 PCR 凝胶电泳图片。

综合实验一　木本植物组织培养快繁体系的建立

一、实验目的

本实验旨在结合植物组织培养综合性和连续性的知识特点，合理安排实验，使学生系统地掌握组织培养的基本技能、技巧和综合实践技能。

实验要求学生以杨树、刺槐等木本植物为试材，学习并掌握培养基母液的主要成分及配制、保存方法；掌握各种培养基的配制与灭菌的操作方法；初步掌握外植体的采集与处理、表面灭菌及试管苗接种的操作技术要领；掌握试管苗的转接与扩繁的操作方法；掌握继代无根苗生根培养技术以及组培苗的移栽驯化技术等，从而熟悉并掌握无菌操作的要求和无菌操作技术，建立相应植物材料的快繁体系。

二、实验用具及药品

1. 实验用具

电子分析天平(感量 0.0001 g)、电子天平(感量 0.01 g，感量 0.5 g)、高压灭菌锅、超净工作台、镊子、剪刀、高温消毒器、电磁炉、冰箱。

烧杯(50 mL、300 mL、500 mL)、量筒(50 mL、100 mL、500 mL、1000 mL)、三角瓶(50 mL)、试管(2.5 cm×15 cm)、容量瓶、培养皿、细口储液瓶。药勺、小玻璃棒、滴管、玻璃漏斗、记号笔、pH 试纸、移液管、吸耳球、线绳、封口膜、白瓷缸(500 mL、1000 mL)、滤纸、锥形瓶、罐头瓶。

2. 实验药品

实验药品按 MS 培养基配方准备，肌醇、蔗糖、琼脂、生长调节物质、1 mol/L NaOH、1 mol/L HCl。重蒸馏水或蒸馏水、无菌水、84 消毒液、70%乙醇。

三、实验材料

木本植物材料(杨树、刺槐等)。

四、实验内容

1. MS 培养基母液的配制

在配制培养基前，为了使用方便和用量准确，常常将大量元素、微量元素、铁盐、有机物类、激素类分别配制成比培养基配方需要量大若干倍的母液，当配制培养基时，只需按预先计算好的量吸取母液即可，既省时又精确。

(1)大量元素母液的配制

MS 培养基中大量元素共有 5 种(表 1)，按照培养基配方的用量，把各种化合物扩大 20 倍，用感量为 0.01 g 的电子天平，分别用 50 mL 烧杯称量。并在每只烧杯中加入 30～

40 mL 重蒸馏水溶解。溶解时，可置于电炉上加热以加速其溶解(但要注意温度不可过高)。然后混合按表1顺序定容于1000 mL重蒸馏水中。在混合定容时，必须最后加入氯化钙，因为氯化钙易与磷酸二氢钾形成磷酸三钙、磷酸钙之类不溶于水的沉淀。将配好的混合液，倒入储液瓶中，贴好标签保存于4 ℃冰箱中。配制培养基时，每配1000 mL培养基取此液50 mL。

表1　Murasiga and Skook(MS 培养基)大量元素的称量及定容(20×)

化合物名称	培养基配方用量/(mg/L)	扩大20倍称量/(mg/L)	备 注
KNO$_3$	1900	38 000	定容于1000 mL重蒸馏水中，最后加入CaCl$_2$·2H$_2$O，每升培养基取此液50 mL
NH$_4$NO$_3$	1650	33 000	
KH$_2$PO$_3$	170	3400	
MgSO$_4$·7H$_2$O	370	7400	
CaCl$_2$·2H$_2$O	440	8800	

(2)微量元素母液的配制

微量元素母液按照培养基配方用量的200倍，用感量为0.0001 g的电子分析天平，分别称取后各放入50~100 mL的烧杯中，加重蒸馏水或蒸馏水约50 mL溶解，然后混合定容于1000 mL容量瓶中，转移到储液瓶中，贴好标签保存于4 ℃冰箱。配制培养基时，每配制1000 mL培养基取此液5 mL(表2)。

表2　Murasiga and Skoog(MS 培养基)微量元素的称量及定容(200×)

化合物名称	培养基配方用量/(mg/L)	扩大200倍称量/(mg/L)	备 注
MnSO$_4$·4H$_2$O	22.3	4460	定容于1000 mL重蒸馏水中，每升培养基取此液5 mL
ZnSO$_4$·7H$_2$O	8.6	1720	
CuSO$_4$·5H$_2$O	0.025	5	
H$_3$BO$_3$	6.2	1240	
Na$_2$MoO$_4$·2H$_2$O	0.25	50	
KI	0.83	166	
CoCl$_2$·6H$_2$O	0.025	5	

(3)铁盐母液的配制

铁盐如果用柠檬酸铁，则和大量元素一起配成母液即可。但目前常用的铁盐是硫酸亚铁和乙二胺四乙酸二钠的螯合物，必须单独配成母液。这种螯合物使用起来方便，比较稳定，且不易发生沉淀。这种母液的配制方法是：用感量为0.01g的扭力天平或电子天平称取5.57 g硫酸亚铁(FeSO$_4$·7H$_2$O)和7.45 g乙二胺四乙酸二钠(Na$_2$-EDTA·2H$_2$O)，分别用约400 mL重蒸馏水或蒸馏水溶解，并分别加热煮沸，然后混合两种溶液继续煮沸，冷却后定容至1000 mL，冰箱4 ℃低温保存。配制培养基时，每配制1000 mL培养基取此液5 mL(表3)。

表3 **Murasiga and Skoog**(MS 培养基)铁盐母液的称量及定容(200×)

化合物名称	培养基配方用量/ (mg/L)	扩大 200 倍称量/ (mg/L)	
$FeSO_4 \cdot 7H_2O$	27.8	5560	定容于 1000 mL 重蒸馏水中，每升培养基取此液 5 mL
$Na_2\text{-}EDTA \cdot 2H_2O$	37.3	7460	

(4)有机物成分的配制

在 MS 培养基配方中，有机物成分有维生素和氨基酸(表4)，由于用量小，也应配成母液。按培养基配方用量的 200 倍，用感量为 0.0001g 的电子分析天平分别称取后放入 100 mL 的烧杯中，加重蒸馏水或蒸馏水约 80 mL 溶解，然后混合定容于 1000 mL 容量瓶中，转移到储液瓶中保存于 4 ℃ 冰箱。配制培养基时，每配制 1000 mL 培养基取此液 5 mL。但也有例外。如肌醇用量较大，可单独配制成 10~20 mg/mL 的母液浓度，在配制培养基时单独加入，也可直接称量加入。

表4 **Murasiga and Skoog**(MS 培养基)有机物成分的称量及定容(200×)

化合物名称	培养基配方用量/ (mg/L)	扩大 200 倍称量/ (mg/L)	
肌醇	100	20 000	
烟酸	0.5	100	
盐酸吡哆醇(维生素 B_6)	0.5	100	定容于 1000 mL 重蒸馏水中，每升培养基取此液 5 mL
盐酸硫胺素(维生素 B_1)	0.1	20	
甘氨酸	2.0	400	

(5)植物生长调节剂的配制

激素的使用比较灵活，要根据培养的植物种类和目的而定(表5)。常用的激素如生长素和细胞分裂素配制成母液使用起来方便、准确。一般激素母液的浓度为 0.2~20 mg/mL。配制前需先用相应的少量有机溶剂进行溶解，然后再定容。贴好标签，写明配制激素的浓度，存放于冰箱中。

表5 激素母液相应的有机溶剂

激素名称	有机溶剂
2,4-D	95%乙醇
萘乙酸(NAA)	95%乙醇或 1 mol/L NaOH
吲哚丁酸(IBA)	95%乙醇或 1 mol/L NaOH
吲哚乙酸(IAA)	95%乙醇或 1 mol/L NaOH
6-BA	1 mol/L HCl 或 1 mol/L NaOH
激动素(KT)	1 mol/L HCl 或 1 mol/L NaOH
玉米素(ZT)	95%乙醇
赤霉素(GA_3)	95%乙醇

配制母液必须用重蒸馏水或蒸馏水，也可以用去离子水，配制后存放于冰箱中，可保存几个月。当发现母液中出现沉淀或霉团时，则不能继续使用。

2. 培养基制备与灭菌

植物组织培养中培养物的生长分化，需要培养基提供它所需要的各种物质。由于培养物不能或难以进行自养，因此培养基不但要像土壤一样给植物提供无机物质和水，还需要给它提供植物生长调节剂以及有机附加成分等。不同植物种类，不同培养目的，要求提供的物质也不同。一个完善的培养基至少应包括以下几个部分：包括大量元素、微量元素、铁盐、蔗糖、有机附加成分、琼脂、植物激素、其他成分。

培养基的灭菌是植物组织培养中十分重要的环节之一，一般常用的是高压蒸汽灭菌法。

(1) 培养基配制

以配制 300 mL 培养基为例。

①取 50 mL 烧杯一只，用 50 mL 量筒取大量元素 15 mL，分别用移液管吸取微量元素 1.5 mL，铁盐 1.5 mL、有机物质成分 1.5 mL，肌醇(20 mg/mL)1.5 mL 和激素类(浓度由培养基配方确定)，置于烧杯中备用(注意：移液管不能混用)。

②取 500 mL 白瓷缸一只，用量筒取 300 mL 蒸馏水倒入白瓷缸中。划好液位线，再将蒸馏水倒出一半。称琼脂 1.8 g 倒入白瓷缸中，再称蔗糖 9 g 备用。将加入琼脂的白瓷缸放在电磁炉上煮沸，煮时常用玻璃棒搅动，待琼脂溶化后加入混合液，将装有混合液的烧杯用蒸馏水洗三次，倒入白瓷缸中，并加入蔗糖加热片刻(注意不要煮沸)，关闭电磁炉，加蒸馏水定容至液位线。

③用 1 mol/L NaOH 或 1 mol/L HCl 将 pH 调至 5.8。调时应用玻璃棒不断搅动，并用 pH 值试纸测试 pH 值。

④用玻璃漏斗将 300 mL 培养基分注于 30 只大试管中，每只约 10 mL。分注培养基时，不可将培养基倒在试管内、外壁上。

⑤用封口膜封好，写明培养基代号，扎好线绳。

(2) 培养基的灭菌

培养基的高压灭菌包括以下几个步骤：

①往高压灭菌锅内(外层锅内加水)，加水水位高度不超过支柱高度。

②将分装好的培养基及所需灭菌的各种用具、蒸馏水等，放入高压灭菌锅的消毒桶内，盖好锅盖并拧紧。

③加热高压灭菌锅，打开放气阀，全自动高压灭菌锅会自动排除冷空气。

④设定好灭菌压力和灭菌时间后，全自动高压灭菌锅自动完成灭菌，待压力降为零后，才能打开锅盖。

高压蒸汽灭菌注意事项：

①锅内冷气必须排尽，否则压力表指针虽达到一定压力，但由于锅内冷空气的存在并不能达到应有的温度，因而影响灭菌效果。

②科学设置灭菌压力和灭菌时间，时间过长会使一些化学物质遭到破坏，影响培养基成分，时间短则达不到灭菌效果。

③待灭菌的液体不超过容器总体积的 70%，否则当温度超过 100 ℃时，培养基会喷溢，造成培养瓶壁和封口膜的污染。

④锅内待灭菌物品不能装得太满，以保证上下气流回流。

（3）不耐热物质的过滤灭菌

①滤膜在 70 ℃水中浸泡 30 min。

②将滤膜装入细菌过滤器，轻拧，刚好扣好即可。

③配好培养基。

④将细菌过滤器用报纸包好，与分装的培养基(10～15 mL/管)一起，高压灭菌 20 min。

⑤在超净工作台上，打开报纸，取出细菌过滤器，将其拧紧，将吸有待过滤物质的注射针管与过滤器上口拧好，过滤时，对准一个无菌烧杯轻推气筒，过滤的药剂液体滴入烧杯中。

然后，按照培养基配方用量，用移液器吸取烧杯中已经过滤无菌的不耐热物质，加入培养基中，摇匀，凝固。（注意：要等刚灭完菌的培养基稍冷却，又未凝固时滴入）。

⑥一周后，观察培养基上是否有菌落形成，如无菌表明过滤灭菌成功。

3. 外植体的表面灭菌与接种

组织培养是要在无菌条件下培养植物的离体组织，所以植物材料必须完全无菌，乙醇、84 消毒液(含次氯酸钠等有效物质)是常用的灭菌剂。培养材料的表面灭菌是组织培养技术的重要环节。培养材料进行表面灭菌时，一是考虑药剂对各类菌种的杀灭效力，从中选择具有高效的杀菌剂；二是考虑植物材料对杀菌剂的耐力，即不能因选用了强杀菌剂而使植物的组织、细胞受到损伤被杀死。至于选用几种药剂进行表面灭菌，其时间长短等，应依据植物材料的不同而不同。

（1）配制 70%乙醇、84 消毒液(1∶9)，其中 84 消毒液(1∶9)要用无菌水在超净台上配制。无菌空瓶和无菌水应提前灭菌并晾凉。提前配制启动培养基。

（2）将接种工具、无菌水、培养基等置于接种台上，打开超净台通风开关 30 min，紫外照射 15 min 进行灭菌。

（3）在工作台上对材料进行灭菌：

a. 向台内喷洒 70%乙醇或以 70%乙醇棉球擦拭台面，并用 70%乙醇对双手进行消毒。

b. 将材料用 70%乙醇浸润 30 s，将乙醇倒出。

c. 将材料用无菌水冲洗一遍，转移到无菌瓶中。

d. 用配制好的 84 消毒液处理 30～60 min(分设梯度如 30 min、40 min、50 min、60 min)。

e. 用无菌水冲洗 2～3 次，除去残留的灭菌液。

（4）接种：用无菌的剪刀和镊子将材料进行适当的剪切并接入培养基中，做好标记，放入培养室中进行培养。

4. 试管苗的转接与扩繁

初代培养获得的无根的芽苗等，数量有限，不能满足生根及实际生产上的需求。为了解决上述问题，可采用切割茎段等方法，将获得的无菌母株在无菌条件下进行再次切割，转接在继代培养基上，继代培养加速繁殖，如此重复，就可以进行扩大培养。

①将实验用仪器、培养基、外植体放入超净工作台，用乙醇擦手和台面，将镊子、剪刀放入高温消毒器中。

②将在培养基中培养好的无污染的芽苗切分成小茎段转接入继代培养基中，每瓶中接种5株。

③转接结束后，将材料放在培养室内培养。

5. 生根培养及组培苗的移栽驯化

在快繁体系的建立过程中，初代培养是必经的过程，继代培养则是贮备母株，而生根才是增殖材料的分流，最终生产出成品。生根培养是使无根苗生根的过程，可采用1/2 MS培养基，全部去掉或用低浓度的细胞分裂素，并加入适量的生长素(NAA、IBA等)。

试管苗移栽是组织培养的重要环节，由于试管苗是在培养基上、优越的培养环境下生长的产物，因此在生理、形态等方面都与自然条件生长的小苗有着很大的差异。所以必须通过炼苗，如控水、减肥、增光、降温等，使它们逐渐适应外界环境。此外，还应选择合适的基质，并配合以相应的管理措施。

(1)根的诱导

①将实验用仪器、培养基、无根苗放入超净工作台，用乙醇擦手和台面，将镊子、剪刀放入高温消毒器中。

②将在培养基中培养好的无污染的芽苗切分成小茎段转接入生根培养基中，每瓶中接种5株，对于难生根的植物，剪切茎段时，应在其腋芽下部0.2~0.5 cm处剪切，有利于根的诱导。

(2)组培苗的驯化移栽

①炼苗　将生根的组培苗从培养室取出，自然光照条件下(根据不同季节，可以用不同透光率的遮阴网控制炼苗的光照强度)，不打开培养瓶的瓶口，以保证在炼苗期间培养瓶中的无菌状态，在放置炼苗7~15 d后打开瓶口，再放置1~2 d后，清洗试管苗的根部及并进行移栽的准备工作。

②基质灭菌　选择合适的基质如蛭石、珍珠岩等，分别用聚丙烯塑料袋装好，在高压灭菌锅中灭菌20 min，灭菌后冷却备用。

③准备育苗盆，移栽试管苗　取干净的育苗盘，将混合好的基质倒入育苗盘中，将育苗盘放入水槽中，使水分浸透基质。用镊子将试管苗轻轻取出，小心洗去根部琼脂。在基质上打孔，将小苗栽入育苗盘中，轻轻覆盖、压实。用喷雾器喷淋后将育苗盘放入驯化室中驯化管理。

五、作业及思考题

1. 培养基的主要成分包括哪几类？如何配制？
2. 如何选择外植体？在取木本植物外植体时为什么要考虑其发育阶段？
3. 描述外植体表面灭菌方法。
4. 为什么在组培过程中大多数植物要经过分化培养和生根培养？依据是什么？
5. 试管苗驯化和移栽中要注意什么？

综合实验二　农杆菌介导的遗传转化技术体系的建立

一、实验目的

本实验要求学生了解并掌握通过根癌农杆菌介导法获得转基因植物的方法和基本操作技术。要求学生以杨树、刺槐等木本植物为试材，建立无菌培养体系，获得无菌组培苗，在此基础上建立叶片再生体系。通过对含有外源目的基因的农杆菌的活化培养、扩大培养、与组培苗叶片的共培养，以及抗性材料的筛选培养和抗性材料的检测，筛选获得转基因植株。

二、实验用具及药品

1. 实验用具

电子分析天平(感量 0.0001 g)、电子天平(感量 0.01 g，感量 0.5 g)。高压灭菌锅、超净工作台、镊子、剪刀、高温消毒器、电磁炉、荧光显微镜、冰箱。

烧杯(50 mL、300 mL、500 mL)、量筒(50 mL、100 mL、500 mL、1000 mL)、三角瓶(50 mL)、试管(2.5 cm×15 cm)、容量瓶、培养皿、广口瓶、细口储液瓶。药勺、小玻璃棒、滴管、玻璃漏斗、记号笔、pH 试纸、移液管、橡皮吸球、线绳、封口膜、白瓷缸(500 mL、1000 mL)、滤纸、锥形瓶、罐头瓶。

2. 实验药品

实验药品按 MS 培养基配方准备，肌醇、蔗糖、琼脂、生长调节物质、1 mol/L NaOH、1 mol/L HCl YEP 固体和液体培养基(加有抗生素)、预先配制含卡那霉素、头孢霉素等抗生素的再生培养基 MS+BA 1.0 mg/L+NAA 0.3 mg/L+0.6%琼脂+3%蔗糖。重蒸馏水或蒸馏水、无菌水、84 消毒液、70%乙醇。

三、实验材料

农杆菌(含有 GFP 基因)、植物材料杨树等。

四、实验方法及步骤

1. 无菌组培苗的获得

请参考综合实验一。

2. 叶片不定芽诱导

①取无菌试管苗，剪下叶片用于下一步实验。

②垂直叶片主脉平行剪切 2~3 刀，剪切长度过主脉但不要剪断叶片。

③将剪切过的叶片水平接种在培养基上(MS+BA 1.0 mg/L 溶液+NAA 0.3 mg/L+0.6%琼脂+3%蔗糖)，可以采取两种方式放置：一种是叶片正面接触培养基表面；另一种是叶片背面接触培养基表面。

④封好瓶(皿)口、做好标记、放入培养室进行培养、观察。

3. 农杆菌的活化与扩大培养

①配制 YEP 固体培养基和液体培养基：固体平板培养基成分为每 100 mL 培养基中含 NaCl 0.5 g，酵母 1 g，水解酪蛋白 1 g，琼脂 1.5 g，pH 值 7.0；液体培养基则去掉琼脂。两种培养基中均要加入相应的抗生素。

②以划线的方式将构建好的农杆菌质粒接种在 YEP 固体平板培养基上，于 28 ℃ 恒温培养箱中倒置暗养 2 d，待长出单菌落后，用无菌的牙签挑取单菌落，将带有单菌落的牙签一起放入上述含有抗生素的 YEP 液体培养基中，于 28 ℃ 下，振荡培养 16~18 h（180~200 r/min），直至其 $OD_{100} > 0.5$。一般当天下午开始摇菌，次日早晨或上午即可。

4. 基因转化、抗性植物的筛选与检测

①将上述实验中所获得的组培苗叶片垂直于叶脉剪切直至主脉，平行剪切 2~3 刀，接种到无抗生素的再生培养基上预培养 2~3 d。

②在超净工作台上将预培养的叶片置于菌液中 15~20 min。

③用滤纸吸干多余的菌液，接种在无抗生素的再生培养基上共培养 2 d。随后转接到含有抗生素的培养基中继续培养，进行抗性材料的筛选培养。

④将筛选得到的抗性材料放到荧光显微镜下进行观察。

5. 转基因植株基因组 DNA 的提取

(1) SDS 法

参照实验 49 中"五、实验方法及步骤 1. SDS 法"。

(2) CTAB 法

参照实验 49 中"五、实验方法及步骤 2. CTAB 法"。

(3) 琼脂糖凝胶电泳

①加 50 mL TAE 或 TBE 缓冲液于三角瓶中。

②称取 0.5 g 琼脂糖，于微波炉中加热至完全熔化(要回收条带时，最好使用进口琼脂糖)。

③冷却至 60 ℃ 左右。

④加入溴化乙锭(EB)至终浓度为 0.5 μg/mL，轻轻混匀。

⑤轻缓倒入封好两端和加上梳子的电泳胶板中，静置冷却 30 min 以上。

⑥将胶板放入电泳缓冲液(TAE 或 TBE)中，轻轻拔去梳子，即可上样电泳。

⑦电泳结束后，将凝胶放入凝胶成像系统中进行照相分析。

(4) 实验结果

抽提到的植物总 DNA 在凝胶电泳检测时应呈现涂抹片状（即 smear 状），这是因为植物总 DNA 在抽提过程中降解成长短不一的均匀分布的片段所致。

纯的 DNA 溶液其 OD_{260}/OD_{280} 应为 1.8，如果大于 1.9，表明有 RNA 污染，小于 1.6 表明有蛋白质或酚污染。OD_{260}/OD_{230} 应大于 2.0，如小于 2.0，表明溶液中有残存的盐及小分子杂质(如核苷酸、氨基酸、酚等)。

DNA 的浓度可利用紫外分光光度法进行测定，对于双链 DNA，$OD_{260} = 1.0$ 时溶液浓度为 50 μg/mL。DNA 样品浓度(μg/μL)等于 $OD_{260} \times N$(样品稀释倍数)$\times 50/1000$。一般稀释 100~1000 倍。

6. 转基因植株 PCR 鉴定

(1)反应体系

在 50 μL 反应体系中分别加入:

MiniQ H$_2$O	37.5 μL
10×PCR buffer	5 μL
25 mmol/L MgCl$_2$	3 μL
10 mmol/L dNTP mix	1 μL
引物 1(10 μmol/L)	1 μL
引物 2(10 μmol/L)	1 μL
Taq(2~5 units/μL)	0.5 μL
模板(cDNA)	1 μL

终体积为 50 μL。

注意:如果只是普通的检测,而无须回收时,则 25 μL 的反应体系即可(上述体系中的各成分相应减半)。

(2)PCR 反应程序

短暂离心混匀后,放入 PCR 仪中,反应程序如下:

a.	94 ℃	3~5 min
b.	94 ℃	1 min
	58 ℃	1 min
	72 ℃	1.5 min
	30~35 个循环	
c.	72 ℃	7~10 min
d.	4 ℃	保存

(3)结果记录

反应完成后,将 PCR 产物用 1%琼脂糖凝胶电泳进行检测,并拍照记录实验结果。

五、注意事项

1. DNA 提取。参照实验 49 中"六、注意事项"。

2. PCR 反应。参照实验 49 中"六、注意事项"。

3. EB 具剧毒,操作时请戴手套。

4. 倒胶动作要轻缓,以防产生气泡,万一产生气泡,可用移液枪头赶掉。

六、作业及思考题

1. 植物遗传转化体系的建立都有哪些方法?

2. 如何进行农杆菌介导的遗传转化?

3. 简述 PCR 技术的基本原理,PCR 反应液中有哪些成分,各有什么作用?

4. 记录分析转基因植物目的基因 PCR 凝胶电泳图片。

参考文献

岑湘涛, 沈伟, 杨美纯, 等, 2014. 木薯组织培养外植体选择和灭菌研究[J]. 江苏农业科学, 42(11): 71-72.

程贵兰, 王兴东, 王振龙, 等, 2012. 树莓试管外生根技术[J]. 北方园艺(15): 130.

方德秋, 侯篙生, 李新明, 等, 1994. 激素对新疆紫草悬浮培养细胞生长及紫草宁衍生物合成的影响[J]. 武汉植物学研究, 12(2): 159-164.

符少萍, 李瑞梅, 惠杜娟, 等, 2011. 木薯试管苗炼苗移栽技术研究[J]. 广东农业科学(11): 39-40, 47.

龚一富, 2011. 植物组织培养实验指导[M]. 北京: 科学出版社.

郭仰东, 2009. 植物细胞组织培养实验教程[M]. 北京: 中国农业大学出版社.

韩翠翠, 2016. 例析显微镜直接计数法和稀释涂布平板法[J]. 实验教学与仪器, 33(1): 32-34.

韩牙琴, 2007. 金弹和四季橘试管苗离体保存及其蛋白质组学研究[D]. 福州: 福建农林大学.

郝冬霞, 刘本发, 吴兆亮, 2001. 细胞生长测定方法与研究进展[J]. 微生物学通报(6): 82-85.

郝慧, 李登科, 金竹萍, 等, 2005. 枣离体授粉及胚珠培养初探[J]. 山西大学学报(自然科学版), 28(1): 87-89.

何业华, 张雅芬, 夏靖娴, 等, 2014. 菠萝抗寒细胞株系的筛选[J]. 园艺学报, 41(S): 2654.

黄卓忠, 严华兵, 苏国秀, 等, 2007. 罗汉果试管苗瓶外生根研究[J]. 西南农业学报, 20(4): 864-866.

金竹萍, 2003. 枣离体胚培养及离体受精技术的研究[D]. 太谷: 山西农业大学.

赖钟雄, 陈振光, 何碧珠, 1997. 林顺权. 四季橘胚培养离体种质保存研究[J]. 作物品种资源(4): 44-46.

李春利, 2015. 毛白杨遗传转化体系的优化和 AtPAP2 的转基因研究[D]. 昆明: 云南农业大学.

李桂珍, 黄定球, 1982. 苹果胚乳培养成完整植株的研究[J]. 黑龙江园艺(1): 15-20.

李玲, 2008. 苹果潜隐性病毒脱除及技术研究[D]. 保定: 河北农业大学.

李南, 杨秀平, 周正君, 等, 2018. 花椒原生质体分离与培养研究[J]. 西北林学院学报, 33(6): 100-105.

李庆伟, 梁明勤, 贺爱利, 等, 2013. 瓦松炼苗移栽试验[J]. 浙江农业科学, 1107(9): 1096-1097, 1107.

李韬, 戴朝曦, 2000. 提高马铃薯原生质体细胞分裂频率的研究[J]. 作物学报, 26(6):

953-958.

李勇，2007. 桑树细胞悬浮培养的研究[D]. 泰安：山东农业大学.

李志良，李干雄，饶秋容，等，2007. 红豆杉细胞培养中紫杉醇高产细胞株的筛选及其稳定性分析[J]. 植物资源与环境学报，16(1)：62-65.

连朋，杜梦卿，王丽娟，2019. 草莓茎尖组培消毒方法及激素配比的优选[J]. 天津农学院学报，26(3)：21-25.

刘磊，李薇，宋正江，等，2018. "东红"猕猴桃花蕾形态与花粉发育时期关系研究[J]. 中国野生植物资源，37(5)：30-34.

刘武林，郑思乡，关文灵，等，2008. 百合离体授粉组间杂交研究初报[J]. 云南农业大学学报，23(1)：122-125.

龙瑞麟，2008. 植物学实验技术教程——组织培养、细胞化学和染色体技术[M]. 北京：北京大学出版社.

侣彦粉，戴景淑，2005. 非洲菊组培种苗的炼苗与定植[J]. 中国花卉园艺(20)：35-36.

罗青，张波，李彦龙，等，2016. 枸杞花药离体培养获得单倍体植株[J]. 宁夏农林科技，57(6)：17-19.

马琳，何丽娜，姜岩，等，2011. 锯叶班克木 Banksia serrata 外植体的选择及消毒方法的研究[J]. 中南林业科技大学学报，31(12)：133-137.

秦子禹，2006. 枣试管微嫁接技术研究[D]. 保定：河北农业大学.

热娜古丽·吐鲁洪，惠浩亮，刘甜甜，等，2019. 植物组织培养中褐变和玻璃化及污染的治理研究[J]. 黑龙江农业科学(11)：154-157.

沈海龙，2005. 植物组织培养[M]. 北京：中国林业出版社.

宋扬，杨桂梅，2021. 植物组织培养[M]. 北京：中国农业大学出版社.

谈晓林，崔光芬，郑思乡，等，2011. 百合不同离体授粉方法的杂交结实研究[J]. 西南农业学报，24(1)：270-274.

唐凤鸾，郭丽君，赵健，等，2020. 培养基及接种材料对走马胎瓶苗生根和移栽的影响[J]. 江苏农业科学，48(19)：30-34.

唐敏，2012. 运用超低温技术脱除梨离体植株潜隐病毒研究[D]. 武汉：华中农业大学.

唐敏，2019. 植物组织培养技术教程[M]. 重庆：重庆大学出版社.

万春雁，韩明玉，赵彩平，等，2009. 桃花粉管通道法转基因技术的初步研究[J]. 中国农学通报，25(5)：38-42.

王蒂，2008. 植物组织培养实验指导[M]. 北京：中国农业出版社.

王沛琦，张平冬，李媛，等，2014. '北林雄株1号'和'北林雄株2号'叶片再生体系的建立[J]. 中国农学通报，30(7)：11-16.

王涛，韦小丽，廖明，2007. 香果树试管苗内外生根与移栽技术[J]. 山地农业生物学报，26(4)：292-295.

吴翠云，2011. 植物组织培养实验指导[M]. 大连：大连理工大学出版社.

谢小波，求盈盈，郑锡良，等，2009. 杨梅种间杂交及杂种 F1 的胚培养[J]. 果树学报，26(4)：507-510.

熊利权，杨德军，邱琼，等，2021. 不同基质和激素处理对针叶樱桃嫩枝扦插生根的影响[J]. 经济林研究(3)：142-149.

徐洪国，2004. 渗透胁迫信号传导关键基因对黑穗醋栗遗传转化的研究[D]. 哈尔滨：东北农业大学.

徐凌飞，2017. 园艺植物组织培养实验指导[M]. 杨凌：西北农林科技大学出版社.

徐庭亮，廖雪芹，张逸璇，等，2016. 月季杂交幼胚培养技术研究[A]//张启翔. 中国观赏园艺研究进展[C]. 北京：中国林业出版社，133-138.

续九如，李颖岳，2014. 林业试验设计[M]. 北京：中国林业出版社.

张立钦，郑勇平，罗士元，等，1997. 杨树湿地松组织培养愈伤组织耐盐性[J]. 浙江林学院学报，14(1)：16-21.

张明鹏，Rajashekar C B，1992. 利用悬浮培养进行葡萄细胞抗寒性筛选的研究[J]. 园艺学报，19(2)：135-139.

周维燕，2001. 植物细胞工程原理与技术[M]. 北京：中国农业大学出版社.

Roberta H. Smith，2012. Plant Tissue Culture：Techniques and Experiments[M]. 3rd Edition. New York：Academic Press.

附　录

附录1　植物组织培养常用培养基配方(mg/L)(龚一富，2011)

附表1-1　MS培养基

药品名称	浓度	药品名称	浓度	药品名称	浓度
NH_4NO_3	1650	$MnSO_4 \cdot 4H_2O$	22.3	甘氨酸	2
KNO_3	1900	$ZnSO_4 \cdot 7H_2O$	8.6	烟酸	0.5
KH_2PO_4	170	H_3BO_3	6.2	盐酸吡哆醇	0.5
$MgSO_4 \cdot 7H_2O$	370	KI	0.83	盐酸硫胺素	0.4
$CaCl_2 \cdot 2H_2O$	440	$Na_2MoO_4 \cdot 2H_2O$	0.25	肌醇	100
$FeSO_4 \cdot 7H_2O$	27.8	$CuSO_4 \cdot 5H_2O$	0.025	蔗糖	30 000
Na_2-EDTA	37.3	$CoCl_2 \cdot 6H_2O$	0.025	琼脂	8000

附表1-2　B_5培养基(Gamborg等，1968)

药品名称	浓度	药品名称	浓度	药品名称	浓度
$NaH_2PO_4 \cdot H_2O$	150	$MnSO_4 \cdot 4H_2O$	10	盐酸硫胺素	10
KNO_3	2500	H_3BO_3	3	盐酸吡哆醇	1
$(NH_4)_2SO_4$	134	$ZnSO_4 \cdot 7H_2O$	2	烟酸	1
$MgSO_4 \cdot 7H_2O$	250	$Na_2MoO_4 \cdot 2H_2O$	0.25	肌醇	100
$CaCl_2 \cdot 2H_2O$	150	$CuSO_4 \cdot 5H_2O$	0.025	蔗糖	20 000
$FeSO_4 \cdot 7H_2O$	27.8	$CoCl_2 \cdot 6H_2O$	0.025	琼脂	10 000
Na_2-EDTA	37.3	KI	0.75	pH值	5.5

附表1-3　White(1963)

药品名称	浓度	药品名称	浓度	药品名称	浓度
KNO_3	80	$NaH_2PO_4 \cdot H_2O$	16.5	甘氨酸	3
$Ca(NO_3)_2 \cdot 4H_2O$	300	$Fe_2(SO_4)_3$	2.5	烟酸	0.3
$MgSO_4 \cdot 7H_2O$	720	$MnSO_4 \cdot 4H_2O$	7	肌醇	100
Na_2SO_4	200	$ZnSO_4 \cdot 7H_2O$	3	蔗糖	20 000
KCl	65	H_3BO_3	1.5	琼脂	8000
$CuSO_4 \cdot 5H_2O$	0.001	盐酸吡哆醇	0.1	pH值	5.6
MoO_3	0.0001	盐酸硫胺素	0.1		

附表 1-4　Nitsch(1951)

药品名称	浓度	药品名称	浓度	药品名称	浓　度
$Ca(NO_3)_2 \cdot 4H_2O$	500	$ZnSO_4 \cdot 7H_2O$	0.05	蔗糖	20 000
KNO_3	125	H_3BO_3	0.5	琼脂	10 000
$MgSO_4 \cdot 7H_2O$	125	$CuSO_4 \cdot 5H_2O$	0.025	pH 值	6.0
KH_2PO_4	125	$Na_2MoO_4 \cdot 2H_2O$	0.025		
$MnSO_4 \cdot 4H_2O$	3	柠檬酸铁	10		

附表 1-5　SH 培养基(Schenk 和 Hildebrandt，1972)

药品名称	浓度	药品名称	浓度	药品名称	浓　度
KNO_3	2500	H_3BO_3	5.0	$CoCl_2 \cdot 6H_2O$	0.1
$CaCl_2 \cdot 2H_2O$	200	$MnSO_4 \cdot 4H_2O$	10	Na_2-EDTA	20
$MgSO_4 \cdot 7H_2O$	400	$ZnSO_4 \cdot 7H_2O$	10	$FeSO_4 \cdot 7H_2O$	15
$NH_4H_2PO_4$	300	$Na_2MoO_4 \cdot 2H_2O$	0.1	蔗糖	30 000
KI	1.0	$CuSO_4 \cdot 5H_2O$	0.2	pH 值	5.8

附表 1-6　N_6 培养基

药品名称	浓度	药品名称	浓度	药品名称	浓　度
KNO_3	2830	$ZnSO_4 \cdot 7H_2O$	1.5	盐酸硫胺素	1.0
$(NH_4)_2SO_4$	460	H_3BO_3	1.6	盐酸吡哆醇	0.5
$MgSO_4 \cdot 7H_2O$	185	Na_2-EDTA	37.3	烟酸	0.5
KH_2PO_4	400	$FeSO_4 \cdot 7H_2O$	27.8	蔗糖	50 000
$CaCl_2 \cdot 2H_2O$	166	KI	0.8	琼脂	8000
$MnSO_4 \cdot 4H_2O$	4.4	甘氨酸	2.0	pH 值	5.8

附表 1-7　Miller

药品名称	浓度	药品名称	浓度	药品名称	浓　度
KNO_3	1000	$ZnSO_4 \cdot 7H_2O$	1.5	甘氨酸	2.0
NH_4NO_3	1000	$Na \cdot Fe \cdot EDTA$	32	盐酸硫胺素	0.1
KH_2PO_4	300	$MnSO_4 \cdot 4H_2O$	4.4	盐酸吡哆醇	0.1
KCl	65	KI	1.6	蔗糖	30 000
$Ca(NO_3)_2 \cdot 4H_2O$	347	H_3BO_3	1.6	琼脂	8000
$MgSO_4 \cdot 7H_2O$	35	烟酸	0.5	pH 值	5.8

附表 1-8   Nitsch（1972）

药品名称	浓度	药品名称	浓度	药品名称	浓度
KNO_3	950	H_3BO_3	10	甘氨酸	2
NH_4NO_3	720	$Na_2MoO_4 \cdot 2H_2O$	0.25	盐酸硫胺素	0.5
$CaCl_2 \cdot 2H_2O$	166	$CuSO_4 \cdot 5H_2O$	0.025	盐酸吡哆醇	0.5
$MgSO_4 \cdot 7H_2O$	185	Na_2-EDTA	37.75	叶 酸	0.5
KH_2PO_4	68	$FeSO_4 \cdot 7H_2O$	27.85	生物素	0.05
$MnSO_4 \cdot 4H_2O$	25	肌 醇	100	蔗糖	20 000
$ZnSO_4 \cdot 7H_2O$	10	烟 酸	5	琼 脂	8000

附表 1-9   Heller（1953）

药品名称	浓度	药品名称	浓度	药品名称	浓度
$CaCl_2 \cdot 2H_2O$	75	$NaH_2PO_4 \cdot H_2O$	125	$CoCl_2 \cdot 6H_2O$	0.03
$MgSO_4 \cdot 7H_2O$	250	KCl	750	$NiCl_2 \cdot 6H_2O$	0.03
$ZnSO_4 \cdot 7H_2O$	1.0	KI	0.01	$FeCl_3 \cdot 6H_2O$	1.0
$CuSO_4 \cdot 5H_2O$	0.03	H_3BO_3	1.0	蔗糖	20 000
$NaNO_3$	600	$MnSO_4 \cdot 4H_2O$	0.1		

附表 1-10   MT（1969）

药品名称	浓度	药品名称	浓度	药品名称	浓度
KNO_3	1650	H_3BO_3	6.2	烟 酸	5
NH_4NO_3	1900	KI	0.83	甘氨酸	2
$MgSO_4 \cdot 7H_2O$	370	Na_2-EDTA	37.3	盐酸硫胺素	10
KH_2PO_4	170	$FeSO_4 \cdot 7H_2O$	27.8	盐酸吡哆醇	10
$CaCl_2 \cdot 2H_2O$	440	$CuSO_4 \cdot 5H_2O$	0.025	蔗糖	30 000
$MnSO_4 \cdot 4H_2O$	22.3	$CoCl_2 \cdot 6H_2O$	0.025		
$ZnSO_4 \cdot 7H_2O$	8.6	肌 醇	100		

附表 1-11   NT 培养基

药品名称	浓度	药品名称	浓度	药品名称	浓度
NH_4NO_3	825	$MnSO_4 \cdot 4H_2O$	22.3	肌 醇	100
KNO_3	950	$ZnSO_4 \cdot 7H_2O$	8.6	盐酸硫胺素	1
$CaCl_2 \cdot 2H_2O$	220	KI	0.83	NAA	3
$MgSO_4 \cdot 7H_2O$	1233	H_3BO_3	6.2	甘露醇	0.7 mol/L
KH_2PO_4	680	$Na_2MoO_4 \cdot 2H_2O$	0.25	蔗糖	10 000
Na_2-EDTA	37.3	$CuSO_4 \cdot 5H_2O$	0.025	pH 值	5.8
$FeSO_4 \cdot 7H_2O$	27.8	$CoSO_4 \cdot 7H_2O$	0.03		

附表 1-12　LS 培养基（Linsmaier 和 Skoog，1965）

药品名称	浓度	药品名称	浓度	药品名称	浓度
NH_4NO_3	1650	$FeSO_4 \cdot 7H_2O$	27.8	$CuSO_4 \cdot 5H_2O$	0.025
$Na_2MoO_4 \cdot 2H_2O$	0.25	$MnSO_4 \cdot 4H_2O$	22.8	$CoCl_2 \cdot 6H_2O$	0.025
KH_2PO_4	170	$ZnSO_4 \cdot 7H_2O$	8.6	盐酸硫胺素	0.4
$MgSO_4 \cdot 7H_2O$	370	H_3BO_3	6.2	肌　醇	100
$CaCl_2 \cdot 2H_2O$	440	KI	0.83	蔗　糖	30 000
Na_2-EDTA	37.3	KNO_3	1900	琼　脂	8000

附表 1-13　KM8P

药品名称	浓度	药品名称	浓度	药品名称	浓度
KNO_3	1900	葡萄糖	68 400	对氨基苯甲酸	0.02
NH_4NO_3	600	蔗　糖	250	维生素 A	0.01
$CaCl_2 \cdot 2H_2O$	600	果　糖	250	维生素 D_3	0.01
$MgSO_4 \cdot 7H_2O$	300	核　糖	250	维生素 B_{12}	0.02
KH_2PO_4	170	木　糖	250	柠檬酸	40
KCl	300	甘露醇	250	苹果酸	40
$MnSO_4 \cdot H_2O$	10.0	鼠李糖	250	延胡索酸	40
KI	0.75	纤维二糖	250	丙酮酸钠	20
$CoCl_2 \cdot 6H_2O$	0.025	山梨醇	250	椰子乳	20
$ZnSO_4 \cdot 7H_2O$	2.0	抗坏血酸	2	酪蛋白氨基酸	250
$CuSO_4 \cdot 5H_2O$	0.025	氯化胆碱	1	肌　醇	100
H_3BO_3	3.0	泛酸钙	1	烟　酸	1
$Na_2MoO_4 \cdot 2H_2O$	0.25	叶　酸	0.4	盐酸吡哆醇	1
Na_2-EDTA	37.3	核黄素	0.2	盐酸硫胺素	1.0
$FeSO_4 \cdot 7H_2O$	27.8	生物素	0.01	pH 值	5.6

附表 1-14　H（Bourgig 和 Nitsch，1967）

药品名称	浓度	药品名称	浓度	药品名称	浓度
KNO_3	950	H_3BO_3	10	甘氨酸	2
NH_4NO_3	720	$Na_2MoO_4 \cdot 2H_2O$	0.25	盐酸硫胺素	0.5
$MgSO_4 \cdot 7H_2O$	185	$CuSO_4 \cdot 5H_2O$	0.025	盐酸吡哆醇	0.5
$CaCl_2 \cdot 2H_2O$	166	$FeSO_4 \cdot 7H_2O$	27.8	叶　酸	0.5
KH_2PO_4	68	Na_2-EDTA	37.3	生物素	0.05
$MnSO_4 \cdot 4H_2O$	25	肌　醇	100	蔗　糖	20 000
$ZnSO_4 \cdot 7H_2O$	10	烟　酸	5	pH 值	5.5

附表 1-15　T(Bourgin 和 Nitsch，1967)

药品名称	浓度	药品名称	浓度	药品名称	浓度
KNO_3	1900	$MnSO_4 \cdot 4H_2O$	25	$CuSO_4 \cdot 5H_2O$	0.025
NH_4NO_3	1650	$FeSO_4 \cdot 7H_2O$	27.8	蔗　糖	10 000
$MgSO_4 \cdot 7H_2O$	370	Na_2-EDTA	37.3	琼　脂	8000
$CaCl_2 \cdot 2H_2O$	440	H_3BO_3	10	pH 值	6.0
KH_2PO_4	170	$Na_2MoO_4 \cdot 2H_2O$	0.25		

附录 2　培养基中常用化合物相对分子质量(郭仰东，2009)

	化合物名称	分子式	相对分子质量
大量元素	硝酸铵	NH_4NO_3	80.04
	硫酸铵	$(NH_4)_2SO_4$	132.15
	氯化钙	$CaCl_2 \cdot 2H_2O$	147.02
	硝酸钙	$Ca(NO_3)_2 \cdot 4H_2O$	236.16
	硫酸镁	$MgSO_4 \cdot 7H_2O$	246.47
	氯化钾	KCl	74.55
	硝酸钾	KNO_3	101.11
	磷酸二氢钾	KH_2PO_4	136.09
	磷酸二氢钠	$NaH_2PO_4 \cdot 2H_2O$	156.01
微量元素	硼酸	H_3BO_3	61.83
	氯化钴	$CoCl_2 \cdot 6H_2O$	237.93
	硫酸铜	$CuSO_4 \cdot 5H_2O$	249.68
	硫酸锰	$MnSO_4 \cdot 4H_2O$	223.01
	碘化钾	KI	166.01
	钼酸钠	$Na_2MoO_4 \cdot 2H_2O$	241.95
	硫酸锌	$ZnSO_4 \cdot 7H_2O$	287.54
	乙二胺四乙酸二钠	Na_2-EDTA $\cdot 2H_2O$	372.25
	硫酸亚铁	$FeSO_4 \cdot 7H_2O$	278.03
	乙二胺四乙酸铁钠	$FeNa \cdot EDTA$	367.07
糖及糖醇	果糖	$C_6H_{12}O_6$	180.15
	葡萄糖	$C_6H_{12}O_6$	180.15
	甘露醇	$C_6H_{14}O_6$	182.17
	山梨醇	$C_6H_{14}O_6$	182.17
	蔗糖	$C_{12}H_{22}O_{11}$	342.31

（续）

	化合物名称	分子式	相对分子质量
维生素及氨基酸	抗坏血酸(维生素 C)	$C_6H_8O_6$	176.12
	生物素(维生素 H)	$C_{10}H_{16}N_2O_3S$	244.31
	泛酸钙(维生素 B_5 之钙盐)	$(C_9H_{16}NO_5)_2Ca$	476.53
	维生素 B_{12}	$C_{63}H_{90}CoN_{14}O_{14}P$	1357.64
	L-盐酸半胱氨酸	$C_3H_7NO_2S \cdot HCl$	157.63
	叶酸(维生素 Bc，维生素 M)	$C_{19}H_{19}N_7O_6$	441.4
	肌醇	$C_6H_{12}O_6$	180.16
	烟酸(维生素 B_3)	$C_6H_5NO_2$	123.11
	盐酸吡哆醇(维生素 B_6)	$C_8H_{11}NO_3 \cdot HCl$	205.64
	盐酸硫胺素(维生素 B_1)	$C_{12}H_{17}ClN_4OS \cdot HCl$	337.29
	甘氨酸	$C_2H_5NO_2$	75.07
	L-谷氨酰胺	$C_5H_{10}N_2O_3$	146.15
激素	生长素		
	ρ-PA(ρ-对氯苯氧乙酸)	$C_8H_7O_3Cl$	186.59
	2,4-D(2,4-二氯苯氧乙酸)	$C_8H_6O_3C_{12}$	221.04
	IAA(吲哚-3-乙酸)	$C_{10}H_9NO_2$	175.18
	IBA(3-吲哚丁酸)	$C_{12}H_{13}NO_2$	203.23
	NAA(α-萘乙酸)	$C_{12}H_{10}O_2$	186.2
	NOA(β-萘氧乙酸)	$C_{12}H_{10}O_3$	202.2
	细胞分裂素/嘌呤		
	Ad(腺嘌呤)	$C_5H_5N_5 \cdot 3H_2O$	189.13
	$AdSO_4$(硫酸腺嘌呤)	$(C_5H_5N_5)_2 \cdot H_2SO_4 \cdot 2H_2O$	404.37
	BA，BAP，6-BA(苄氨基腺嘌呤)	$C_{12}H_{11}N_5$	225.26
	2-iP(异戊烯基腺嘌呤)	$C_{10}H_{13}N_5$	203.25
	KT(激动素)	$C_{10}H_9N_5O$	215.21
	SD8339[6-(苄氨基)-9-(2-四氢吡喃)-H-嘌呤]	$C_{17}H_{19}N_5O$	309.4
	ZT(玉米素)(异戊烯腺嘌呤)	$C_{10}H_{13}N_5O$	219.25
	赤霉素		
	GA_3(赤霉素)	$C_{19}H_{22}O_6$	346.37
	其他化合物		
	脱落酸	$C_{15}H_{20}O_4$	264.31
	秋水仙素	$C_{22}H_{25}NO_6$	399.43
	间苯三酚	$C_6H_6O_3$	126.11

附录3 常用英文缩写(郭仰东,2009)

缩写词	英文名称	中文名称
A, Ad, Ade	adenine	腺嘌呤
ABA	abscisic acid	脱落酸
BA, BAP, 6-BA	6-benzyladenine benzy- laminopurine	6-苄氨基腺嘌呤
P-CPOA	P-chlorophenoxyacetic acid	对-氯苯氧乙酸
CCC	chlorocholine chloride	氯化氯胆碱(矮壮素)
CH	casein hydrolysate	水解酪蛋白
CM	coconut milk	椰子汁
2,4-D	2,4-dichlorophenoxyacetic acid	2,4-二氯苯氧乙酸
2,4-DB	2,4-dichlorophenoxybutyric acid	2,4-二氯苯氧丁酸
DNA	Deoxyribonucleic acid	脱氧核糖核酸
EDTA	ethylene diamine tetraace tic acid	乙二胺四乙酸盐
GA; GA$_3$	gibberellin; gibberellic acid	赤霉素
IAA	indole-3-acetic acid	吲哚乙酸
IBA	indole-3-butyric acid	吲哚丁酸
−in vitro		试管内,离体培养
−in vivo		活体内整体培养
2-ip; IPA	2-isopentenyladenine 6-(γ, γ-dimethylallylamino)	异戊烯腺嘌呤或二甲基丙烯嘌呤
KT; Kt; K	kinetin	激动素;动力精;糠基腺嘌呤
LH	lactalbumin hydrolysate	水解乳蛋白
Lux	lux	勒克斯(照度单位)
m	meter	米
mg	milligram	毫克
min	minute	分(钟)
mL	milliliter	毫升
mm	millimeter	毫米
mmol	millimole	毫摩尔
mol. wt.	molecular weight	摩尔重量;相对分子质量
NAA	α-aphthaleneacetic acid	萘乙酸
PBA		6-(苄基氨基)9-(2-四氢吡喃基)-9H-嘌呤
pH	hydrogen-ion concentration	酸碱度,氢离子浓度
ppm	part(s) permillion	百万分之一;毫克/升
PVP	polyvinyl pyrrolidone	聚乙烯吡咯烷酮
RNA	ribonucleic acid	核糖核酸

（续）

缩写词	英文名称	中文名称
rpm(=r/min)	Rotation per minute	每分钟转数
s	secend	秒
Thidiazuron	*N*-phenyl-*N′*-1，2，3-thia-diazol-5-ylurea	苯基噻二唑基尿
2,4,5-T	2,4,5-trichlorophenoxy acetic acid	2，4，5-三氯苯氧乙酸
μm	micrometer	微米
μmol	micromole	微摩尔
YE	yeast extract	酵母浸提物
ZT；Zt；Z	zeatin	玉米素
Ac	activatedcharcol	活性炭
AS	acetosyringone	乙酰丁香酮
BAP	6-benzylaminopurinr	6-苄氨基嘌呤
CPW	Cell-protoplast washing(solution)	细胞-原生质体清洗液
DMSO	dimethylsulfoxide	二甲基亚砜
ELISA	Enzyme linked immunosorbent assay	酶联免疫吸附法
FDA	Fluorescein diacetate	荧光素双醋酸酯
ME	Malt extract	麦芽浸出物
mol	mole	摩尔
PCV	Packed cell volume	细胞密实体积
PEG	Polyethylene glycol	聚乙二醇
PG	phloroglucinol	间苯三酚
PP_{333}	paclobutrazol	多效唑
TDZ	thidiazuron	噻苯隆
TIBA	2，3，5-triiodobenzoic acid	三碘苯甲酸
UV	ultraviolet(light)	紫外光

附录 4　植物组织培养常用的热不稳定物质(郭仰东，2009)

组　分	热不稳定性	参考资料
脱落酸(ABA)	部分分解	Sigma Catalogue
泛酸钙（Ca-pantothenate）	高度分解	Dodds & Roberts（1982）；Sigma Catalogue
果糖(Fructose)	颉颃物质	Stehsel & Caplin(1969)
赤霉素（Gibberellic acid）	少量分解	Butenko(1964)；Watson & Halperin(1981)
L-谷氨酸（L-GIutamine）	高度分解	Liau & Boll（1970）；Thompson *et al.*（1977）
3-吲哚乙酸（IAA）	20 min 高压灭菌损耗 40%	Nissen &Sutter（1988）；Sigma Catalogue

（续）

组　分	热不稳定性	参考资料
N -(3-吲哚乙酰基)- L-丙氨酸（IAA-L-alanine）	少量分解	Pence & Caruso（1984）；Sigma Catalogue
N-(3-吲哚乙酰基)-L- 天冬氨酸（IAA-L-aspartic acid）	显著分解	Pence & Caruso（1984）；Sigma Catalogue
N-(3-吲哚乙酰基)-甘氨酸（IAA-glycine）	少量分解	Pence & Caruso（1984）；Sigma Catalogue
N-(3-吲哚乙酰基)-苯丙氨酸（IAA-L-phenylalanine）	少量分解	Pence & Caruso（1984）；Sigma Catalogue
3-吲哚丁酸（IBA）	20 min 高压灭菌损耗 20%	Nissen & Sutter（1988）；Sigma Catalogue
激动素（Kinetin）	部分分解	Sigma Catalogue
麦芽浸出物（Malt extract）	inhibitory substances 拮抗物质	Solomon（1950）
1, 3-二苯基脲（N, N'-diphenylurea）	高压灭菌丧失活性	Schmitz & Skoog（1970）
吡哆醇（Pyridoxine）	少量分解	Singh & Krikorian（1981）
二甲基丙烯嘌呤(2-iP)	部分分解	Sigma Catalogue
维生素 B_1（Thiamine-HCl）	pH 值大于 5.5 时高度分解	Linsmaier & Skoog（1965）；Liau & Boll（1970）
玉米素（Zeatin）	部分分解	Sigma Catalogue

附录 5　常用缓冲溶液的配制（郭仰东，2009）

1. 磷酸缓冲液

①母液 A　0.2 mol/L Na_2HPO_4 溶液，$Na_2HPO_4 \cdot 2H_2O$（35.61g）或 $Na_2HPO_4 \cdot 7H_2O$（53.65 g）或 $Na_2HPO_4 \cdot 12H_2O$（71.64 g）用蒸馏水定容至 1000 mL。

②母液 B　0.2 mol/L NaH_2PO_4 溶液，$Na_2HPO_4 \cdot H_2O$（27.6 g）或 $Na_2HPO_4 \cdot 2H_2O$（31.21 g）用蒸馏水定容至 1000 mL。

③0.1mol 磷酸缓冲液配法：x mL A+y mL B 稀释至 200 mL。

x	y	pH 值	x	y	pH 值
6.5	93.5	5.7	55	45	6.9
8	92	5.8	61.0	39	7.0
10	90	5.9	67	33	7.1
12.3	87.7	6.0	72	28	7.2
15	85	6.1	77	23	7.3
18.5	81.5	6.2	81	19	7.4
22.5	77.5	6.3	84	16	7.5
26.5	73.5	6.4	87	13	7.6
31.5	68.5	6.5	89.5	10.5	7.7
37.5	62.5	6.6	91.5	8.5	7.8
43.5	56.5	6.7	93	7	7.9
49	51	6.8	94.7	5.3	8.0

2. 醋酸盐酸缓冲液

①母液 A　0.2 mol/L 醋酸液(11.5 mL 稀释至 1000 mL)。

②母液 B　0.2 mol/L 醋酸钠溶液，$C_2H_3O_2Na$(16.4 g)或 $C_2H_3O_2Na \cdot 3H_2O$(27.2 g)定容至 1000 mL。

③0.1 mol/L 醋酸盐缓冲液配法　x mL A + y mL B 稀释至 100 mL。

x	y	pH 值	x	y	pH 值
46.3	3.7	3.6	20	30	4.8
44	6.0	3.8	14.8	35.2	5.0
41	9	4.0	10.5	39.5	5.2
36.8	13.2	4.2	8.8	41.2	5.4
30.5	19.5	4.4	4.8	45.2	5.6
25.5	24.5	4.6			

3. 柠檬酸-磷酸缓冲液

①母液 A　0.1 mol/L 柠檬酸溶液(19.2 g)定容至 1000 mL。

②母液 B　0.2 mol/L 磷酸氢二钠溶液 $Na_2HPO_4 \cdot 7H_2O$(53.65 g)或 $Na_2HPO_4 \cdot 12H_2O$(71.7 g)定容至 1000 mL。

③柠檬酸-磷酸缓冲液配法　x mL A + y mL B，稀释至 100mL。

x	y	pH 值	x	y	pH 值
44.6	5.4	2.6	24.3	25.7	5.0
42.2	7.8	2.8	23.3	26.7	5.2
39.8	10.2	3.0	22.2	27.8	5.4
37.7	12.3	3.2	21	29	5.6
35.9	14.1	3.4	19.7	30.3	5.8
33.9	16.1	3.6	17.9	32.1	6.0
32.3	17.7	3.8	16.9	33.1	6.2
30.7	19.3	4.0	15.4	34.6	6.4
29.4	20.6	4.2	13.6	36.4	6.6
27.8	22.2	4.4	9.1	40.9	6.8
26.7	23.3	4.6	6.5	43.6	7.0
25.2	24.8	4.8			

4. 甘氨酸-盐酸缓冲液

①母液 A　0.2 mol/L 甘氨酸溶液(15.01 g)定容至 1000 mL。

②母液 B　0.2 mol/L 盐酸。

③0.05 mol/L 甘氨酸-盐酸缓冲液配法　50 mL A + x mL B 稀释至 200 mL。

x	pH 值	x	pH 值
5.0	3.6	16.8	2.8
6.4	3.4	24.2	2.6
8.2	3.2	32.4	2.4
11.4	3.0	44.0	2.2

5. 甘氨酸-氢氧化钠缓冲液

①母液 A　0.2 mol/L 甘氨酸溶液（15.01 g）定容至 1000 mL。

②母液 B　0.2 mol/L NaOH 溶液。

③0.05 mol/L 甘氨酸-氢氧化钠缓冲液配法　50 mL A + x mL B，稀释至 200 mL。

x	pH 值	x	pH 值
4.0	8.6	22.4	9.6
6.0	8.8	27.2	9.8
8.8	9.0	32	10
12	9.2	38.6	10.4
16.8	9.4	45.7	10.6

6. 碳酸钠-碳酸氢钠缓冲液

①母液 A　0.1 mol/LNaHCO$_3$（8.40 g）定容至 1000 mL。

②母液 B　0.1 mol/LNa$_2$CO$_3$（28.62 g）定容至 1000 mL。

③ 0.05 mol/L 碳酸钠-碳酸氢钠缓冲液配法　x mL A + y mL B，稀释至 200 mL。

		pH 值				pH 值	
x	y	20 ℃	37 ℃	x	y	20 ℃	37 ℃
90	10	9.16	8.77	40	60	10.14	9.9
80	20	9.40	9.12	30	70	10.28	10.08
70	30	9.51	9.40	20	80	10.53	10.28
60	40	9.78	9.5	10	90	10.83	10.57
50	50	9.9	9.72				

注：Ca^{2+}、Mg^{2+}存在时不得使用。

7. 柠檬酸-柠檬酸钠缓冲液

①母液 A　0.1 mol/L 柠檬酸（21.01g）定容至 1000 mL。

②母液 B　0.1 mol/L 柠檬酸钠（29.41g）定容至 1000 mL。

③ 0.1 mol/L 柠檬酸缓冲液配法　x mL A + y mL B。

x	y	pH 值	x	y	pH 值
18.6	1.4	3.0	8.2	11.8	5.0
17.2	2.8	3.2	7.3	12.7	5.2
16	4.0	3.4	6.4	13.6	5.4
14.9	5.1	3.6	5.5	145	5.6
14	6.0	3.8	4.7	15.3	5.8
13.1	6.9	4.0	3.8	16.2	6.0
12.3	7.7	4.2	2.8	17.2	6.2
11.4	8.6	4.4	2.0	18.0	6.4
10.3	9.7	4.6	1.4	18.6	6.6
9.2	10.8	4.8			

8. Tris-HCl 缓冲液

①母液 A　0.2 mol/L 三羟甲基氨基甲烷（24.2 g）溶至 1000 mL。

②母液 B　0.2 mol/LHCl。

③0.05 mol/L Tris-HCl 缓冲液配法　50 mL A+x mL B，稀释到 200 mL。

x	5.0	8.1	12.2	16.5	21.9	26.8	32.5	38.4	41.4	44.2
pH 值	9	8.8	8.6	8.4	8.2	8.0	7.8	7.6	7.4	7.2

注：Tris 溶液可从空气中吸收 CO_2，保存使用时注意密封。

附录6　常用酸碱摩尔浓度的近似配制表(郭仰东，2009)

名称	浓度/(mol/L)	配制方法
H_2SO_4	$36c(1/2\ H_2SO_4)$	比重 1.84 的浓硫酸近似 36 mol/L($1/2\ H_2SO_4$)
	$6c(1/2\ H_2SO_4)$	将浓 H_2SO_4(167 mL)缓慢注入 833 mL 水中
	$2c(1/2\ H_2SO_4)$	将浓 H_2SO_4(56 mL)缓慢注入 944 mL 水中
	$1c(1/2\ H_2SO_4)$	将浓 H_2SO_4(28 mL)缓慢注入 972 mL 水中
HCl	$12c(HCl)$	比重 1.19 的盐酸近似 12 mol/L(HCl)
	$6c(HCl)$	将 12 mol/L(HCl)(500 mL)加水稀释至 1000 mL
	$2c(HCl)$	将 12 mol/L(HCl)(167 mL)加水稀释至 1000 mL
	(HCl)	将 12 mol/L(HCl)(83 mL)加水稀释至 1000 mL
HNO_3	$16c(HNO_3)$	比重 1.42 的硝酸近似 16 mol/L(HNO_3)
	$2c(HNO_3)$	将 16 mol/L(HNO_3)(125 mL)加水稀释至 1000 mL
	$1c(HNO_3)$	将 16 mol/L(HNO_3)(63 mL)加水稀释至 1000 mL
HAc	$17.4c(HAc)$	99%的冰醋酸近似 17.4 mol/L(HAc)
	$1c(HAc)$	将冰醋酸 59 mL 加水稀释至 1000 mL
NaOH	$1c(NaOH)$	将 NaOH(40 g)溶于水中稀释至 1000 mL
KOH	$1c(KOH)$	将 KOH(56 g)溶于水中稀释至 1000 mL

附录7　常见植物生长调节剂及主要性质(郭仰东，2009)

名称	化学式	相对分子质量	溶解性质
吲哚乙酸(IAA)	$C_{10}H_9O_2N$	175.19	溶于醇、醚、丙酮，在碱性溶液中较稳定，遇热酸后失去活性
吲哚丁酸(IBA)	$C_{12}H_{13}NO_3$	203.24	溶于醇、丙酮、醚，不溶于水、氯仿
α-萘乙酸(NAA)	$C_{12}H_{10}O_2$	186.2	易溶于热水、微溶于冷水，溶于丙酮、醚、乙酸、苯
2,4-二氯苯氧乙酸(2,4-D)	$C_8H_6Cl_2O_3$	221.04	难溶于水，溶于醇、丙酮、乙醚等有机溶剂
赤霉素(GA₃)	$C_{19}H_{22}O_6$	346.4	难溶于水，不溶石油醚、苯、氯仿而溶于醇类、丙酮、冰醋酸

（续）

名称	化学式	相对分子质量	溶解性质
4-碘苯氧乙酸(PIPA) （增产灵）	$C_8H_7O_3I$	278	微溶于冷水，易溶于热水、乙醇、氯仿、乙醚、苯
对氯苯氧乙酸(PCPA) （防落素）	$C_8H_7O_3Cl$	186.5	溶于乙醇、丙酮和醋酸等有机溶剂和热水
激动素(KT)	$C_{10}H_9N_5O$	215.21	易溶于稀盐酸、稀氢氧化钠，微溶于冷水、乙醇、甲醇
6-苄氨基腺嘌呤(6-BA)	$C_{12}H_{11}N_5$	225.25	溶于稀碱、稀酸，不溶于乙醇
脱落酸(ABA)	$C_{15}H_{20}O_4$	264.3	溶于碱性溶液如 $NaHCO_3$、三氯甲烷、丙酮、乙醇
2-氯乙基膦酸(乙烯利) （CEPA）	$ClCH_2PO(OH_2)$	144.5	易溶于水、乙醇、乙醚
2,3,5-三碘苯甲酸(TIBA)	$C_7H_3O_2I_3$	500.92	微溶于水，可溶于苯(热)、乙醇、丙酮、乙醚
青鲜素(MH)	$C_4H_4O_2N_2$	112.09	难溶于水，微溶于醇，易溶于冰醋酸、二乙醇胺
缩节胺(助壮素)(Pix)	$C_7H_{16}NCl$	149.5	可溶于水
矮壮素(CCC)	$C_5H_{13}NCl_{12}$	158.07	易溶于水，溶于乙醇、丙酮，不溶于苯、二甲苯、乙醚
比久(B₉)	$C_6H_{12}CN_2O_3$	160	易溶于水、甲醇、丙酮，不溶于二甲苯
多效唑(PP₃₃₃)	$C_{15}H_{20}ClN_3O$	293.5	易溶于水、甲醇、丙酮
三十烷醇(TAL)	$CH_3(CH_2)_{28}CH_2OH$	438.38	不溶于水，难溶于冷甲醇、乙醇，可溶于热苯、丙酮、乙醚、氯仿

附录8　常见植物生长调节剂单位换算(龚一富，2011)

生长调节剂	分子式	摩尔质量/(g/mol)	质量浓度/(mg/L)	摩尔浓度/(μmol/L)
NAA	$C_{12}H_{10}O_2$	186.2	0.1862	5.371
IAA	$C_{10}H_9NO_2$	175.19	0.1752	5.708
IBA	$C_{12}H_{13}NO_2$	203.23	0.2032	4.921
GA₃	$C_{19}H_{22}O_6$	346.4	0.3464	2.887
2,4-D	$C_{20}H_6O_3$	221.04	0.2210	4.524
KT	$C_{10}H_9N_5O$	215.21	0.2152	4.647
BA	$C_{12}H_{11}N$	225.25	0.2253	4.439
ZT	$C_{10}H_{13}N_5O$	219.7	0.2197	4.552

附录9　常见植物生长调节剂配制和贮存(龚一富,2011)

中文名称	简写	溶剂	贮存条件	稳定性
2,4-二氯苯氧乙酸	2,4-D	0.1 mol/L NaOH	0~4 ℃	稳定
萘乙酸	NAA	0.1 mol/L NaOH	0~4 ℃	稳定
吲哚乙酸	IAA	0.1 mol/L NaOH	0~4 ℃	遮光,过滤除菌
吲哚丁酸	IBA	0.1 mol/L NaOH	0~4 ℃	稳定
6-苄氨氨基腺嘌呤	6-BA	0.1 mol/L HCl	0~4 ℃	稳定
激动素	KT	0.1 mol/L HCl	0~4 ℃	稳定
玉米素	ZT	0.1 mol/L HCl	0~4 ℃	过滤除菌
2-异戊烯腺嘌呤	2-iP	0.1 mol/L HCl	0~4 ℃	稳定
脱落酸	ABA	95%乙醇	0~4 ℃	遮光,过滤除菌
赤霉素	GA	95%乙醇	0~4 ℃	过滤除菌
矮壮素	CCC	水	0~4 ℃	稳定
油菜素内酯	BR	95%乙醇	0~4 ℃	稳定
表油菜素内酯	epiBR	95%乙醇	0~4 ℃	稳定
茉莉酸	JA	95%乙醇	0~4 ℃	稳定
多胺	PA	水	0~4 ℃	稳定
多效唑	PP$_{333}$	甲醇,丙酮	0~4 ℃	稳定
苯基噻二唑基脲	TDZ	0.1 mol/L NaOH	0~4 ℃	稳定

附录10　培养基植物生长调节剂浓度换算表(郭仰东,2009)

附表10-1　ppm换算成mol/L

ppm	$\times 10^{-6}$ mol/L										
	NAA	2,4-D	IAA	BA	KT	GA$_3$	IBA	NOA	2iP	ZEA	ABA
1	5.371	4.524	5.708	4.439	4.647	2.887	4.921	4.646	4.921	4.562	3.783
2	10.741	9.048	11.417	8.879	9.293	5.774	9.841	9.891	9.843	9.124	7.567
3	16.112	13.572	17.125	13.318	13.940	8.661	14.762	14.837	14.764	13.686	11.350
4	21.483	18.096	22.834	17.757	18.586	11.548	19.682	19.782	19.685	18.248	15.134
5	26.855	22.620	28.542	22.197	21.231	14.435	24.603	24.728	24.606	22.810	18.917
6	32.223	27.144	34.250	26.636	27.880	17.323	29.523	29.674	29.528	27.372	22.701
7	37.594	31.668	39.959	31.075	32.526	20.210	34.444	34.619	34.449	31.934	26.484
8	42.965	36.193	45.667	35.515	37.173	23.097	39.364	39.565	39.370	36.496	30.267
9	48.339	40.717	51.376	39.954	41.820	25.984	44.285	44.510	44.921	41.058	34.051
相对分子质量	186.20	221.04	175.18	225.26	251.21	346.37	203.23	202.60	203.20	219.20	264.31

附表 10-2   mol/L 换算成 ppm

| ×10⁻⁶ | ppm | | | | | | | | | | |
mol/L	NAA	2,4-D	IAA	BA	KT	GA₃	IBA	NOA	2iP	ZEA	ABA
1	0.1862	0.2210	0.1752	0.2253	0.2152	0.3464	0.2032	0.2022	0.2032	0.2192	0.2643
2	0.3724	0.4421	0.3504	0.4505	0.4304	0.2927	0.4065	0.4044	0.4064	0.4384	0.5286
3	0.5586	0.6631	0.5255	0.6758	0.6456	1.0391	0.6097	0.6066	0.6996	0.6567	0.7929
4	0.7448	0.8842	0.7007	0.9010	0.8608	1.3855	0.8129	0.8088	0.8128	0.8788	1.0572
5	0.9310	1.1052	0.8759	1.1263	1.0761	1.7319	1.0162	1.0110	1.0160	1.0960	1.3216
6	1.1172	1.3262	1.0511	1.3516	1.2913	2.0782	1.2194	1.2132	1.2190	1.3152	1.5859
7	1.3034	1.5473	1.2263	1.5768	1.5065	2.4246	1.4226	1.4154	1.4224	1.5344	1.8502
8	1.4896	1.7683	1.4014	1.8024	1.7217	2.7710	1.6258	1.6176	1.6256	1.7536	2.1145
9	1.6758	1.9894	1.5766	2.0273	1.9369	3.1173	1.8291	1.8198	1.8288	1.9726	2.3788

附录 11   温湿度换算表(郭仰东，2009)

附表 11-1   3 种温度换算表

	摄氏温度/℃ $[C=5/9(F-32)]$	绝对温度/K	华氏温度/℉ $[F=9/5C+32]$
℃	C	C+237.15	1.8C+32
K	K-273.15	K	1.8K-459.4
℉	0.556F-17.8	0.556F+255.3	F

附表 11-2   摄氏干湿度与相对湿度换算表

| 干湿示差 | 0.5 | 1.0 | 1.5 | 2.0 | 2.5 | 3.0 | 3.5 | 4.0 | 4.5 | 5.0 | 5.5 | 6.0 | 6.5 | 7.0 | 7.5 | 8.0 |
干球温度	相对湿度/%															
50	97	94	92	89	87	84	82	79	77	74	72	70	68	66	63	61
49	97	94	92	89	86	84	81	79	77	74	72	70	67	65	63	61
48	97	94	92	89	86	84	81	79	76	74	71	69	67	65	62	60
47	97	94	92	89	86	83	81	78	76	73	71	69	66	64	62	60
46	97	94	91	89	86	83	81	78	76	73	71	68	66	64	62	59
45	97	94	91	88	86	83	80	78	75	73	70	68	66	63	61	59
44	97	94	91	88	86	83	80	78	75	72	70	67	65	63	61	58
43	97	94	91	88	85	83	80	77	75	72	70	67	65	62	60	58
42	97	94	91	88	85	82	80	77	74	72	69	67	64	62	59	57
41	97	94	91	88	85	82	79	77	74	71	69	66	64	61	59	56
40	97	94	91	88	85	82	79	76	73	71	68	66	63	61	58	56
39	97	94	91	87	84	82	79	76	73	70	68	65	63	60	58	55
38	97	94	90	87	84	81	78	75	73	70	67	64	62	59	57	54

（续）

干湿示差	0.5	1.0	1.5	2.0	2.5	3.0	3.5	4.0	4.5	5.0	5.5	6.0	6.5	7.0	7.5	8.0
干球温度	相对湿度/%															
37	97	93	90	87	84	81	78	75	72	69	67	64	61	59	56	53
36	97	93	90	87	84	81	78	75	72	69	66	63	61	58	55	53
35	97	93	90	87	83	80	77	74	71	68	65	63	60	57	55	52
34	96	93	90	86	83	80	77	74	71	68	65	62	59	56	54	51
33	96	93	89	86	83	80	76	73	70	67	64	61	58	56	53	50
32	96	93	89	86	83	79	76	73	70	66	64	61	58	55	52	49
31	96	93	89	86	82	79	75	72	69	66	63	60	57	54	51	48
30	96	92	89	85	82	78	75	72	68	65	62	59	56	53	50	47
29	96	92	89	85	81	78	74	71	68	64	61	58	55	52	49	46
28	96	92	88	85	81	77	74	70	67	64	60	57	54	51	48	45
27	96	92	88	84	81	77	73	70	66	63	60	56	53	50	47	43
26	96	92	88	84	80	76	73	69	66	62	59	55	52	48	46	42
25	96	92	88	84	80	76	72	68	64	61	58	54	51	47	44	41
24	96	91	87	83	79	75	71	68	64	60	57	53	50	46	43	39
23	96	91	87	83	79	75	71	67	63	59	56	52	48	45	41	38
22	95	91	87	82	78	74	70	66	62	58	54	50	47	43	40	36
21	95	91	86	82	78	73	69	65	61	57	53	49	45	42	38	34
20	95	91	86	81	77	73	68	64	60	56	52	58	44	40	36	32
19	95	90	86	81	76	72	67	63	59	54	50	56	42	38	34	30
18	95	90	85	80	76	71	66	62	58	53	49	44	41	36	32	28
17	95	90	85	80	75	70	65	61	56	51	47	43	39	34	30	26
16	95	89	84	79	74	69	64	59	55	50	46	41	37	32	28	23
15	94	89	84	78	73	68	63	58	53	48	44	39	35	30	26	21
14	94	89	83	78	72	67	62	57	52	46	42	37	32	27	23	18
13	94	88	83	77	71	66	61	55	50	45	40	34	30	25	20	15
12	94	88	82	76	70	65	59	53	47	43	38	32	27	22	17	12
11	94	87	81	75	69	63	58	52	46	40	36	29	25	19	14	8
10	93	87	81	74	68	62	56	50	44	38	33	27	22	16	11	5
9	93	86	80	73	67	60	54	48	42	36	31	24	18	12	7	1
8	93	86	79	72	66	59	52	46	40	33	27	21	15	9	3	
7	93	85	78	71	64	57	50	44	37	31	24	18	11	5		
6	92	85	77	70	63	55	48	41	34	28	21	13	3			
5	92	84	76	69	61	53	46	36	28	24	16	9				
4	92	83	75	67	59	51	44	36	28	20	12	5				
3	91	83	74	66	57	49	41	33	25	16	7	1				
2	91	82	73	64	55	46	38	29	20	12	1					
1	90	81	72	62	53	43	34	25	16	8						
0	90	80	71	60	51	40	30	21	12	3						

附录12 细胞筛孔径(μm)与目数换算表(郭仰东，2009)

目	孔径/μm	目	孔径/μm	目	孔径/μm	目	孔径/μm	目	孔径/μm
20	900	80	180	160	98	300	50	400	38.5
30	600	100	154	180	90	320	45	500	30
40	450	120	125	200	76	325	43	600	20
50	355	140	105	250	61	350	41	700	15
60	280	150	100	280	55	360	40	800	10

附录13 常见抗生素的配制和贮存(郭仰东，2009)

中文名称	简写	溶剂	贮存条件	贮存浓度/(mg/mL)	细菌培养浓度/(mg/L)	植物脱菌浓度/(mg/L)
氨苄青霉素	Amp	水	-20℃	100	100	250~500
羧苄青霉素	Cb	水	-20℃	100	50	250~500
头孢霉素	Cef	水	-20℃	250	50	250~500
卡那霉素	Km	水	-20℃	100	50~100	10~100
氯霉素	Cm	乙醇	-20℃	17	25~170	10~100
四环素	Tc	乙醇	-20℃	5	10~50	—
链霉素	Sp	水	-20℃	10	10~50	—
利福平	Rif	水	-20℃	20	50~100	—
新霉素	Nm	水	-20℃	50	25~50	10~100

附录14 YEP培养基配方

化合物名称	每升培养基需要的用量
酵母膏(浸粉)	1 g/L
牛肉浸膏(粉)	5 g/L
蛋白胨	5 g/L
蔗糖	5 g/L
硫酸镁($MgSO_4 \cdot 7H_2O$)	4 g/L
琼脂(固体培养基需添加琼脂)	15 g/L
pH 值	7.4

附录 15　植物水培营养液配方（龚一富，2011）

营养液配方名称	每升水中含有化合物的质量/（mg/L）				
	四水硝酸钙	硝酸钾	磷酸二氢钾	磷酸氢二铵	七水硫酸镁
Knop（1865）	1150	200	200		200
Hoagland and Arnon（1938）	945	607		115	493
Hoagland and Snyder（1938）	1180	506	136		693
Arnon and Hoagland（1952）	708	1011		200	493